神奇动物装

廖春敏 主编

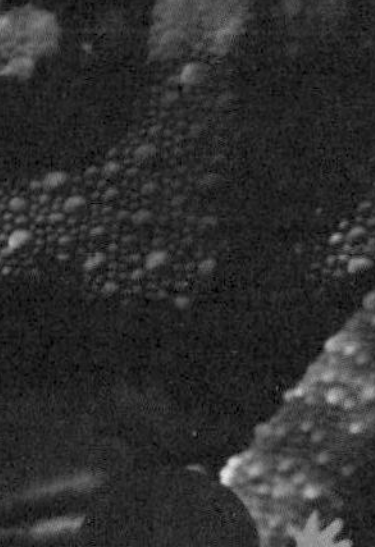

上海科学普及出版社

图书在版编目（CIP）数据

神奇动物装 / 廖春敏主编. — 上海：上海科学普及出版社，2014.9

（小动物的大智慧）

ISBN 978-7-5427-6210-8

Ⅰ.①神… Ⅱ.①廖… Ⅲ.①动物—普及读物 Ⅳ.①Q95-49

中国版本图书馆CIP数据核字（2014）第176219号

策　　划　胡名正
责任编辑　林晓峰　叶婧芸
统　　筹　刘湘雯

小动物的大智慧
神奇动物装
廖春敏　主编

上海科学普及出版社出版发行

（上海中山北路832号　邮政编码 200070）

http://www.pspsh.com

各地新华书店经销　　三河市恒彩印务有限公司印刷

开本 889mm×1194mm　1/16　印张 8　字数 160 000

2014年9月第1版　2014年9月第1次印刷

ISBN 978-7-5427-6210-8　　　　　定价：23.80 元

FOREWORD 前言

　　动物的世界是瑰丽奇妙的，每一只动物都有着自己独特的智慧。"物竞天择，弱肉强食"的自然法则在动物世界中被发挥得淋漓尽致，无论是小到肉眼无法看到的单细胞动物草履虫，还是大到如小山一般遨游于海洋的巨鲸，每一种动物从它们降临到这个世界起，就面临着许许多多难以想象的生存难题和挑战，它们要寻找食物，要生儿育女、繁衍后代，要在各种竞争中争得自己的一席之地，要与形形色色的捕食者周旋，要躲避种种生存危机。于是，在险象环生的世界中，为了各自的生存，动物们各显神通，将智慧发挥到极致，巧妙地应对着这些从自己一出生就面临的最残酷无情的竞争。

　　在看"动物世界"的时候，我们能发现好多动物具有一些在人类看来似乎难以理解的奇特长相和行为，其实，这些都是动物们长期适应生存环境和自然选择的结果。为了更好地给读者对动物们的怪异行为进行答疑解惑，我们挑选了数百种充满智慧且具有怪异行为和特征的动物，进行分门别类，编辑成"小动物的大智慧"丛书，从四大方面（《神奇动物装》、《生存有妙招》、《独门杀手锏》、《动物特种兵》）进行阐述。

　　本册《神奇动物装》，从动物奇特的眼睛、鼻子、嘴、舌头、四肢、翅膀、尾巴等方面来讲述动物与众不同的生存优势。例如，比目鱼为适应海底生存的需要，在它的成长过程中，眼睛

"搬家"到身体的同一侧；长鼻猴居然用自己的鼻子来求婚；又如，通常大家都以为兔子那长长的耳朵是为了更好地听声音，其实却是为了散热；还有海洋中的海盗鸟——军舰鸟，具有一个长长的钩状喙，嘴下长着一只巨大无比的喉囊，这个囊是它们求偶时的秘密武器，而钩状喙则是它们在海面上抢劫的重要辅助工具；再如，凶残的鲨鱼，满口密密麻麻的小牙齿，这是它们撕碎猎物的重要武器，这些厉害无比的牙齿居然会一层层地从里到外不断地长出新的，根本就不怕因过度使用而损伤……总之，一切为了生存，神奇不断演绎。通过本书，读者可以了解到动物们更多鲜为人知的"内幕"，让人惊叹，并将读者带入更深层次的思考中，以解答更多的疑问和谜团。

为了给读者创造更好的阅读氛围，让读者更真实地体验到动物们生存的精彩画面，参与本书编撰出版的诸位老师：廖春敏、李坡、孙鹏、王玲玲、刘佳、陈晓东、李立飞、白海波等，在文字撰写、图片使用、版面设计上都倾注其所有心思，力求做到文字充满青春张力、图片新颖贴切、设计清丽明快。在此感谢以上各位老师为本书所做的各种工作！

最后，希望本书能够成为各位读者了解神奇动物世界的良师益友。

CONTENTS 目录

能力非凡的独特眼睛

章鱼：眼睛就像照相机………… 2
像人眼，能辨色……………………… 2
皮肤变色的"指挥官"………………… 3
眼窝后的死亡腺……………………… 4

跳蛛：大眼可以瞪小眼…………… 5
八只眼各有分工……………………… 5
眼睛发出爱情暗号…………………… 6

四眼鱼：分裂的"假四眼"……… 7
真是四只眼睛?……………………… 7
上下眼有分工………………………… 7

比目鱼：眼睛会"搬家"………… 9
长在同侧利于生活…………………… 9
从小眼睛要"搬家"…………………… 10
守株待兔的捕食者…………………… 10

避役：各司其职的眼睛………… 12
分工非常灵活………………………… 12

行动迟缓饿不死……………………… 13

鹰：名不虚传的"千里眼"……… 14
第一个"秘密武器"…………………… 14
第二个"秘密武器"…………………… 15

猫：眼睛就像夜视仪…………… 16
夜视能力超强………………………… 16
胡须是"第三只眼"…………………… 17
不吃老鼠会"睁眼睛"………………… 17

各具妙用的个性鼻子

象：鼻子也全能 ……………… 20
  功能强大 …………………………… 20
  灵活自如 …………………………… 21
  结构精巧 …………………………… 22

猪：鼻子当手用 ……………… 23
  "拱"是天生习惯 …………………… 23
  "拱"出防毒面具 …………………… 24
  嗅觉发达当"警猪" ………………… 25

狗：鼻子会"分析" …………… 26
  嗅觉非常灵敏 ……………………… 26
  分析能力高超 ……………………… 26
  湿鼻子更好用 ……………………… 27
  能预报地震 ………………………… 28

长鼻猴：大鼻子"情圣" ……… 29
  鼻子表达感情 ……………………… 29
  长鼻猴的习性 ……………………… 30

异常灵敏的厉害耳朵

夜蛾：我们的耳朵有一套 …… 32
  对付蝙蝠有法宝 …………………… 32
  反雷达给人启示 …………………… 33

蛇：靠"感觉"来生活 ………… 34
  只有内耳 …………………………… 34
  顺地听声 …………………………… 34

蝙蝠：飞行的"雷达" ………… 36
  夜行不迷路 ………………………… 36
  超声波定位 ………………………… 37

兔子：耳朵竟然是散热器 …… 38
  提前预警 …………………………… 38
  调节体温 …………………………… 39

象：传说中的"顺风耳" ……… 40
  大象有超感知觉？ ………………… 40

千奇百怪的超能嘴巴

剑鱼：海洋中的"活鱼雷" …… 42
　嘴巴是捕食利器……………… 42
　剑鱼撞击船只………………… 43
　催生超音速飞机……………… 43

鹈鹕：大嘴铲鱼………………… 44
　用喉囊存食…………………… 44
　嘴大有烦恼…………………… 45

巨嘴鸟：花哨的大嘴…………… 46
　巨大而绚丽的嘴……………… 46
　嘴"夸张"用处大……………… 47
　营巢生育……………………… 48

几维鸟：嘴当拐棍……………… 49
　用嘴刺探虫子………………… 49

　唯一的无翼鸟………………… 50

鲸头鹳："鞋子"嘴……………… 51
　可以钳杀鳄鱼………………… 51
　用作飞行水箱………………… 52

影响生活的另类牙齿

大白鲨：一生不断换牙………… 54
　一生不断换牙………………… 54
　敢吃的"杂食家"……………… 55

鳄鱼：血盆大口上的槽生齿…… 56
　不能撕咬咀嚼………………… 56
　吃石块以助消化……………… 57

海象：长牙就是秘密武器……… 58
　长牙是雪杖和铁锹……………… 58
　爱挤在一起睡懒觉……………… 59

独角鲸：长达3米的大牙 ……… 60
　独角是地位的象征……………… 60
　靠独角感知海水………………… 61
　关于"独角"的传奇…………… 61

老鼠：长生牙 …………………… 63
　必须不断磨牙…………………… 63
　牙齿威力惊人…………………… 64

探囊取物的犀利舌头

射水鱼：我们都是"神枪手"… 66
　口中有"水枪"………………… 66
　眼睛精准定位…………………… 67

青蛙：弹力十足的舌头………… 68
　舌头快如子弹…………………… 68
　吞咽时眨眼睛…………………… 69

啄木鸟："森林医生的手术刀" 70
　舌是一把手术刀………………… 70
　为何不会脑震荡………………… 71

穿山甲：蚂蚁的"世仇" ……… 72
　爱舔食蚂蚁……………………… 72
　诱杀的真相……………………… 72

长颈鹿：舌头如"钩子"……… 74
　不怕尖刺………………………… 74
　长颈鹿的进化起源……………… 75

出神入化的手脚功夫

海星：外表温柔是假象………… 78
　触手会重生术…………………… 78
　管状脚像吸盘…………………… 79

招潮蟹：天生一副怪模样……… 80
　大螯的诱惑……………………… 80
　耳朵在腿上……………………… 81

弹涂鱼：会"走路"的鱼 ……… 83
　用鳍走路………………………… 83
　跳舞求偶………………………… 84

树蛙：青蛙照样会爬树………… 85
　"会照镜子的青蛙"…………… 85
　脚趾和强力黏合剂……………… 86

蛇怪蜥蜴：会中国功夫的动物… 87
在水上疾走如飞……………… 87
如何做到"水上漂"…………… 87

指猴："树木的医生" 89
捉虫有妙法…………………… 89
女巫的手指…………………… 90

长臂猿：臂"走"如飞………… 91
臂行术高超…………………… 91
"吊着的歌手"………………… 92

功能奇强的真假翅膀

蝴蝶："装腔作势"的翅……… 94
色彩斑斓作用大……………… 94
翅上有控温系统……………… 95

蜻蜓："飞行之王"…………… 96
随心所欲的"飞行家"………… 96
启发飞机消除颤振…………… 97

蝠鲼："水下魔鬼"…………… 98
长相古怪像风筝……………… 98
行为诡异如魔鬼……………… 99

飞鱼：没有翅膀，照样能"飞" 100
飞行的秘密…………………… 100
为何要飞行…………………… 101

飞蛇：我要"飞"得更高……… 102
其实是滑行…………………… 102
摇摆身体维持平衡…………… 103

信天翁：海上的"流浪者"… 104
长期在海上漂泊……………… 104
身体很像滑翔机……………… 105

旗翼夜鹰："旗帜"飘扬…… 106
"四只翅膀"的鸟……………… 106

名声在外的顶级尾巴

蝎子："毒尾刺客" …………… 108
  霸道的捕食者………………… 108
  蝎毒贵过黄金………………… 109

响尾蛇：死后照样复仇……… 111
  响尾是警告…………………… 111
  毒性可致命…………………… 112

睡鼠：断尾逃生……………… 113
  终生只能用一次的妙计……… 113

最爱睡"懒觉"………………… 114

松鼠：大尾巴用处多………… 115
  跳跃时维持平衡……………… 115
  交流的工具…………………… 116

蜘蛛猴："第五只手" ………… 117
  尾巴是"第五只手"…………… 117
  蜘蛛猴的习性………………… 118

能力非凡的独特眼睛

小动物的大智慧

章鱼：眼睛就像照相机

我们章鱼家族跟乌贼是亲戚，危险时都会喷出黑色的"烟幕弹"保护自己。不过，我们家的名望比乌贼家要高得多。除了我们很聪明，有灵巧的"八只手"（触腕）外，更主要的是我们有一双软体动物所不具备的"神眼"。它们到底有多神呢？嗯，跟"人眼"差不太多，连"眼神"都很相像呢。

■ **像人眼，能辨色**

说起章鱼来，人们最先想到的就是它那八条灵活且极具杀伤力的触腕。确实，章鱼的触腕布满着强有力的吸盘，其上分布有全身三分之二的神经系统，极度灵活而又高度灵敏，但要和它的眼睛比起来，触腕还是略逊一筹。

章鱼的眼睛很大，圆鼓鼓的，长在身体前方，呈对角状。

▶ 章鱼有很多品种，不同的章鱼有不同的生活习性。可是，大部分的章鱼都生活在海底的洞穴内，甚至在洞穴内等待猎物的出现。

就结构来说，章鱼的眼睛和人眼并无太大的区别，前面有角膜，周围有巩膜，还有一个发达的晶状体，两个充满液体的腔和一个可以感光的视网膜。不过，人眼对不同距离物体的焦距调节是以改变晶状体的曲度来完成的，而章鱼则是通过调节晶状体与视网膜的距离来聚光的，如同转动照相机

聪明的海洋动物

章鱼是一种很聪明的动物。章鱼捕食牡蛎的时候，先在一旁耐心等候，等牡蛎开口的一刹那，它迅速将石头扔进去，使牡蛎的两扇贝壳无法关上，然后再吃掉牡蛎的肉，自己钻进壳里安家。科学家也曾经进行过一个测试：在水中放一只装着龙虾的玻璃瓶，用软木塞塞住瓶口。章鱼起先围绕这只瓶子转了几圈，然后用触角将其缠住，通过各种角度拨弄软木塞，最后将其成功拔掉而得以饱餐一顿。

镜头一样。另外，章鱼的眼睑闭合时也与人眼不同。章鱼的眼睑有环形肌肉，闭眼时如同照相机的镜间快门一样，将眼掩盖起来。

如果说章鱼眼睛的结构奇特，那么它的功能就更加奇特了。在海洋中，还没有什么动物的眼睛可以和章鱼相媲美。章鱼眼睛的视网膜上有丰富的感光细胞，这让它不仅能在极暗的环境下辨别周围环境，还可以敏锐地分辨颜色，这一点甚至要胜过一些哺乳动物，如猫、狗、牛等，因为它们都是色盲的。除了强人的视觉外，章鱼还会利用眼睛来选择触腕做不同的动作。

■ 皮肤变色的"指挥官"

章鱼的变色本领惊人，远远胜过著名的"变色龙"——避役。它一次可以变出六种颜色，几乎和周围环境一样，这让它捕食时如鱼得水。可是很少有人知道，它的变色本领全得力于它那双发达的眼睛。有人曾经观察到，如果章鱼某一侧的眼睛出了毛病，那么这一侧就固定为一种颜色，不再改变，而另一侧仍可随环境的改变而变色。

眼睛是章鱼调整皮肤色彩的"指挥官"。眼睛得到的视觉印象，通过复杂的生理渠道进入神经中枢，然后神经中枢将相应的信号发送给皮肤。章鱼的皮肤下面隐藏着许多色素细胞，里面装有不同颜色的液体，如同"水彩颜料筒"一样。每个色素细胞边缘上围绕着大量很细的放射状肌束，称为扩张肌。扩张肌收缩时，色素细胞被拉长，"颜料"的面积就扩大了。扩张肌复原时，色素细胞又恢复原形。这些不同颜色的色素细胞收到神经中枢发过来的信号，或扩张，

巩膜

巩膜是眼球外围的白色部分，结构坚韧，有一定的弹性，具有保护作用。眼睛是个球体，如果巩膜失去弹性变硬，人的眼睛就容易变形，变形后出现的普遍问题便是近视。

小动物的大智慧

或收缩，各种颜色相互组合，就形成了最适宜的伪装颜色。章鱼扩张肌也很发达，可连续几个小时不停地处于紧张状态，这也是章鱼可连续变色的原因。

■ 眼窝后的死亡腺

章鱼算得上是海洋里的"一霸"了，它力大无比，又凶狠残忍、诡计多端，不少海洋动物都惧怕它。别看它平日里"横行霸道"，对待"敌人"凶狠残忍，可是对待自己的子女它却百般疼爱，体贴入微，甚至累死也心甘情愿。

章鱼一生只有一次生育机会，令人遗憾的是，它婚礼的结束，也预示着葬礼的来临。一旦交配完毕，雌章鱼就会失去食欲，游到一个隐蔽之处——一条缝隙或一个岩洞，用海藻等植物巧妙地编织成一条条长约15厘米的细绳，细绳附着在岩石上。然后雌章鱼开始在细绳上产卵，产卵期将持续两个星期。受精卵经过4~6个星期孵化成小章鱼，期间雌章鱼不吃不睡，寸步不离地守护着小宝贝们。它的警惕性很高，且极为严格，绝不允许别的动物靠近它的窝。有时雄章鱼误入窝边，雌章鱼也会毫不留情地将它咬死。同时，它还会不停地摆动触腕去梳理细绳，以保证未出壳的小宝贝们得到足够的氧气。有时它也用触

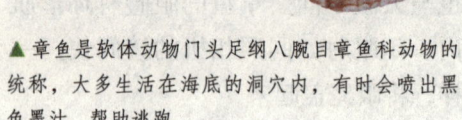

▲ 章鱼是软体动物门头足纲八腕目章鱼科动物的统称，大多生活在海底的洞穴内，有时会喷出黑色墨汁，帮助逃跑。

腕上的吸盘吸掉卵上的脏物，以防止寄生虫附着。到小章鱼出壳的那天，雌章鱼的生命也就走到了终点。

为什么会出现这种令人惋惜的结果呢？经过科学家们的研究发现，秘密就隐藏在章鱼的眼睛里。在章鱼的眼窝后面，有两个很特殊的腺体，称之为"死亡腺"。死亡腺会分泌一种化学物质，导致死亡。生物学家称这种化学物质为"死亡激素"。一般情况下，死亡腺呈关闭状态，也就是不分泌死亡激素。雌章鱼在产卵后，死亡腺就开始分泌死亡激素，使其自我毁灭。但如果割掉一个死亡腺，雌章鱼即使不吃东西，寿命也可长达100天。如果两个死亡腺都切掉，则雌章鱼食欲猛增，寿命可增加到300天。在雄章鱼身上封闭眼窝后的两个腺体中，也有类似"死亡激素"般的化学物质。

跳蛛：大眼可以瞪小眼

我们属于蜘蛛这个大家庭，但我们比那些习惯于在网上"守株待兔"的懒虫们更有奋斗精神。不是我们天生喜欢奋斗，而是我们缺少过安逸生活的雄厚"关系网"。是的，我们能吐丝，却结不了"网"。我们的丝线只是条"保险绳"，防止我们从高空掉落。为了填饱肚子，我们只能卖力地蹦高跳远，还演化出了能环视360°的八只眼。

■ 八只眼各有分工

跳蛛，顾名思义，是一种擅长跳跃的蜘蛛，它们一次跳出的距离甚至比它们身长的50倍还要远，跳起的高度最高可达身体高度的6倍。但当你靠近跳蛛拍照时，它们并不会一跳一跳地逃走。相反，只要你引起它们的注意，它们便会用头前两只大灯泡似的眼睛"泪汪汪"地对着你，非常可爱，因而跳蛛也有了"最可爱的蜘蛛"的称号。其实这两只大眼睛只是跳蛛八颗眼睛之中最大的两只，用来感知大小、颜色和形状。另外六只位于侧面，主要用来监测物体的移动。

跳蛛的8只眼分3列。第1列4只眼位于头胸部前端的垂直面上，中间两眼（前中眼）特别大，两旁的眼（前侧眼）较小，均有磁质光泽，因而给人"泪汪汪、水灵灵"的感觉。第2列眼（后中眼）位于头胸部前部背面，相当小，往往被毛挡住一部分而不易

▲ 跳蛛的8只眼分3列，使其拥有360°的视野。

| 小动物的大智慧

▲ 跳蛛喜欢捕食苍蝇，因而也被称为蝇虎。

看清。第3列眼（后侧眼）与前侧眼大小相近。如用线把这8只眼连起来，可以看到它们组成一个方形或近似方形的眼区，这让跳蛛拥有360°的视野。

■ 眼睛发出爱情暗号

跳蛛的前中眼有着锐利的视觉，能够分辨敌人、配偶和捕食它们的动物，并能区分颜色。但最值得一提的是，前中眼具有极强的紫外线感光能力，这种能力在繁殖时期起着重要作用。

雄性跳蛛的头部和脚覆盖了一层能反射紫外线的鳞片，雌性跳蛛则没有这样的结构。可是，雌性跳蛛头部一对粗大的触须却可以发出亮绿色的荧光，这是雄性跳蛛所缺乏的。

到了求偶季节，跳蛛常会到花草顶部来个"太阳浴"，为的就是让自己变得更"性感"。雄性跳蛛经过紫外线照射，鳞片就会将这些紫外线反射出去，吸引雌性跳蛛"选择我"。雌性跳蛛触须内的物质则会受紫外线激发，发出亮绿色荧光，告诉雄性跳蛛"我在这里"。

未成年的跳蛛不会反射紫外线或发出荧光。当它们成长后，身体状况的好坏影响它们反射紫外线或发出荧光的能力。跳蛛的前中眼先接收这些信息，最后根据这些信息来确认合适的种类、年龄、性别和最佳配偶。

四眼鱼：分裂的"假四眼"

> 生存环境险恶，没点真本事，怎么能立世？所以，我们四眼鱼，呸，我们是货真价实的"两眼鱼"，就要发展出眼睛的一些特异功能。比如，两只眼睛看起来像四只眼；一只眼睛可以同时观察到水上和水下两个世界。

■ 真是四只眼睛？

四眼鱼是一种生活在中美洲和南美洲河流里的小鱼，和其他鱼类不同，四眼鱼的眼睛长得并不像鱼眼，却和蛙眼非常相似，都高高地突出长在头顶上。

虽然被命名为"四眼鱼"，实际上它只长了两只眼睛。四眼鱼的眼球结构十分特殊，它的眼球内有一道由上皮细胞构成的结膜通过角膜，同时虹膜又生出两个凸起从中间横亘瞳孔，将眼睛分为上下两个部分，看上去就像是4只独立的眼睛。

别小看这种"假四眼"，它们的功能却很强大。它的眼睛上半部分构造很像人的眼睛，依靠光线的两次折射，能够把空中、陆上的景物尽收眼底。而下半部分的构造则是典型的鱼眼，能够细察水中世界。另外，下半部分的眼睛中拥有类似反射镜的物质。黑暗中，带有"反射镜"的眼睛看东西更有效率。因为当光线经过时，含有晶状体的眼睛吸收的光线有限，而"反射镜"能够把更多的光线反射到视网膜上。这样，当河中天敌在黑暗中经过时，"反射镜"能更有效地预警四眼鱼了。

■ 上下眼有分工

为什么四眼鱼的眼睛构造这样特殊呢？这和它的生活方式有关。长期以来，它以猎取水面生物为主，既要关注水面，搜寻食物，又要注意水

▲ 四眼鱼的双眼很像蛙眼，乍一看，极像是漂浮在水面上的两个气泡。

下，防范捕猎者的偷袭，由此形成了这种奇特的眼睛。

　　四眼鱼常常成群地停留在水域上层，水面刚好处于上、下眼的分际处，眼睛一半露出水面，一半埋入水中。一旦发现空中猎物，它就会迅速跃出水面捕捉。倘若发现水中小鱼，它也能快速潜入水底追捕。如果岸边有人，它在200米以外就能发现，并立即躲藏起来，所以四眼鱼很难被人捉住。

　　相比较来说，四眼鱼的生存更多地依赖于上半部的眼睛，也就是陆地视觉。四眼鱼常常成群地在浅滩憩息着，有时多达成百上千条。一旦海水退潮，它们就会跃上陆地，因为那里有许多小生物可以充饥。四眼鱼的头部有一个储水的液囊，跃上陆地后，液囊里会不断地排出水分到鳃体，让鳃体继续呼吸水中的氧气，然后水分流遍全身以保持鱼体的湿润。有了这个液囊的支撑，四眼鱼可以在陆地上生存一段时间。这个时候，它的下半部眼睛几乎不起什么作用，捕食全靠上半部眼睛。

神奇动物装

比目鱼：眼睛会"搬家"

一直以来，中国古人都把我们比目鱼描绘成忠贞爱情的化身。为此，还留下了许多诗句："凤凰双栖鱼比目"、"得成比目何辞死，愿作鸳鸯不羡仙"等等。然而，这些美好只是他们一厢情愿的想象。

■ 长在同侧利于生活

比目鱼之所以能和爱情联系到一起，要从它的眼睛说起。一般鱼类的两只眼睛都是对称地长在头的左右两侧，但是比目鱼的眼睛却与众不同，它的双眼长在身体的同一侧：眼睛长在身体左侧的称鲆，长在身体右侧的称鲽。加上这种鱼身体特别扁，总是给人一种怪模怪样的感觉，因此古人就认为鲆和鲽是一雌一雄，并说它们总是把有眼的一侧向外，身体紧贴并排游泳和生活，好似夫妻并肩而行一样，比目鱼的名字由此而来。据此，古人展开幻想，将它和传说中双宿双飞的凤凰相提并论，成为夫妻和睦恩爱、同心协力、永不分离的象征，故有"凤凰双栖鱼比目"的佳话。

其实，古人对比目鱼的认识是有误的。比目鱼确实是一侧

▼比目鱼为鲽形目鱼类统称，现已成为人类的食品之一。

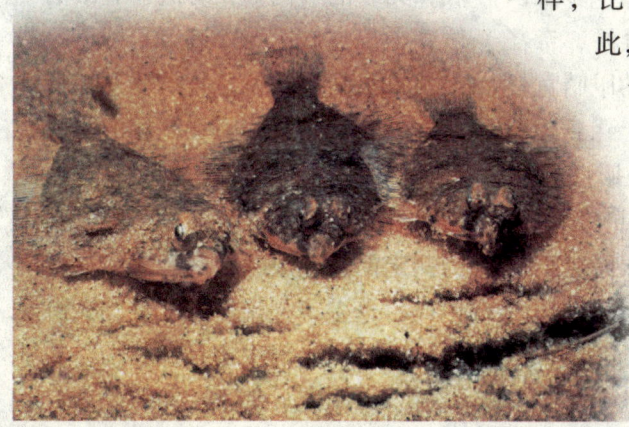

有眼、一侧无眼的怪鱼，但并非只有一只眼，而是两只眼贴近在一边，说两条鱼必须相合才能游泳，更是大错特错了。比目鱼之所以长成这样一副怪模样，和它的生活习性有关。比目鱼喜欢侧卧在海底生活，这样一来，贴着海底那边的眼睛就没有用了，久而久之，就进化成了现在的这副模样。两只眼睛都长在身体朝上的一边，更有利于发现食物和敌人。至于双眼到底长在右侧还是左侧，与性别没有任何关系，而与种类以及栖息地有关，例如鲆科的两眼长在左侧，鲽科和鳎科的两眼则长在右侧。

■ 从小眼睛要"搬家"

比目鱼的眼睛并非天生就长在身体的同一侧，刚出生的比目鱼完全不像父母，倒跟普通鱼类很相像——身体左右对称，眼睛也端正地对称地长在头的两侧。它们生活在水的上层，常常在水面附近游动。但二十多天以后，当它们长到1厘米的时候，奇怪的事情就发生了。它一侧的眼睛竟然"搬"起了家，通过头的上缘逐渐向对面移动，直到跟另一只眼睛接近时，才停下来。接着，那只移动的眼睛周围长出眼眶骨，这只眼睛就彻底固定下来不再移动了。比目鱼的头骨是软骨构成的。当比目鱼的眼睛开始移动时，比目鱼两眼间的软骨先被身体吸收。这样，眼睛的移动就没有障碍了。

在眼睛移动的同时，比目鱼的背鳍也向前生长，当一边的眼睛移动越过头顶时，背鳍也延长到达头部后缘，而身体后下方的臀鳍向前伸长，与背鳍平行。幼鱼经过这些变化，身体就呈现出侧扁形扭转的特征。在这段时间内，比目鱼行动失常，游泳摇摆不定，像得了中风似的，更有不少数量的幼鱼在这段时间死亡。存活下来的比目鱼经过大约100天后，完全失去了对称鱼体，形成了和父母一样的外形。

■ 守株待兔的捕食者

成年比目鱼由于眼睛长在同侧，身体又不对称，游动速度非常缓慢，已经不适应漂浮生活了，只好下沉到海底，久而久之，就形成了"守株待兔"的生活习性。它们常常侧躺于海底，无眼的一侧贴在海底，有眼的一侧朝上。它们用泥沙遮盖身体，只露出两只眼睛以等待猎物、躲避捕食。这样一来，两只眼睛在一侧的优势就显示出来了。有经验的渔民，利用比目鱼经常贴在海底生活的习性，来作为测定网具施放轻重的标志。如果网中比目鱼多了，说明网已经陷入海底泥沙中；如果网中比目鱼很少，甚至没有，说明网放轻了，离海底还有一

神奇动物装

▲ 比目鱼横卧水底，有眼一侧身体颜色和周围环境浑然一体。

定距离。

因为常常要潜伏于海底，比目鱼的身体颜色也发生了变化，无眼的一侧不需要颜色来保护，逐渐变成白色；有眼的一侧朝上，需要保护色，所以慢慢变得和泥沙一般深。另外，有眼的一侧具有变色功能，能在短时间内迅速地将自身体表颜色变得与环境相似。曾有人做过这样的实验：把比目鱼放在一张一半白一半黑的纸上，发现比目鱼竟会变魔术般地随着背景颜色的变化而变动自己的体色：处在白纸一端的身体体色变浅，黑纸一端的体色变深。通常，比目鱼的变色范围仅限于普通环境的颜色，对于黑色、白色、褐色、灰色、黄色等颜色，瞬息之间就能够完成变色，但要变为红色就相对困难一些，变为蓝色和绿色则要更长的时间，有时需延长到半小时左右。

小动物的大智慧

避役：各司其职的眼睛

"避役"是我们的学名，听起来有些古怪，但若说起我们的乳名——变色龙，恐怕没有人不晓得吧。除了会变色，我们还另有一项秘密武器：我们的两只眼睛可以各干各的，互不相扰。比如，猎食时，一只眼睛可以紧紧盯住猎物，另一只眼睛可以为生命安全站岗放哨。

■ 分工非常灵活

人类的眼睛要想正常工作，两只眼睛就必须协调起来。例如看一本书中某一段话，两只眼睛的视线就必须同时聚焦到这一段话上，否则看到的文字就会出现双影甚至出现模糊不清的现象。对人类来说，两只眼睛同时看不同的物体，不仅会影响正常的视觉功能，而且对视觉正常的人来说，也是不可能做到的事情。

与人类相比，避役的双眼就显得非常"不协调"了。它的双眼大而突出，眼睑很厚，且上下眼睑愈合，使眼好似罩有一个圆锥形的鳞盖，仅在中央为瞳孔留开一个小圆孔，以便视物。与人类的眼睛协调工作不同，避役的双眼工作起来一点都不"协调"。它的双眼具有高度的灵活性，可以上下左右分别自由转动和调节焦距，能够根据需要各自观察不同方向的东西，这是其他脊椎动物无法匹敌

▼七彩变色龙正在用它那双能够独立转动的眼睛注视周围环境。

了不起的舌头

从舌头与身长的比例来说，避役的舌头可称得上是世界上最长的舌头了。通常，避役的舌头可伸至体长的1.5倍的距离之外，最长的可达到2倍；而且舌头弹出的速度极快，从开始伸展到全部伸出只需要1/16秒。舌头的末端有黏液，可以准确无误地把猎物击中并送回到嘴中，几乎百发百中，令人叹为观止。

的。有句俗话说"螳螂捕蝉，黄雀在后"，而避役可以防止这一点，因为它可以一只眼睛观察自己的猎物，另一只眼睛时刻注意周围环境，防止有天敌来袭。

■ 行动迟缓饿不死

避役的行动很迟缓，即使是和同类打架，也总是懒洋洋地应战，缓慢地张开嘴巴，然后再缓慢地向对方咬去。这样缓慢的行动，在危机四伏的动物界，本是劣势，但避役却能够安全地繁衍生存下去，这全要依赖于它那双独特的眼睛。双眼"各行其是"，使避役能够在身体纹丝不动的前提下眼观六路，尽收八方蛛丝马迹和风吹草动，大大提高了捕食昆虫的成功率，从而可以过上"饱食终日"的优哉日子。

平时，避役总是安静地趴在树枝上一动不动，有时候一趴就是好几个小时。这个时候，一定不要以为它们是在睡觉，如果细心观察的话，会发现，避役的眼睛在上下左右不停地转动，时刻注意着周围的动静。当它们发现自己爱吃的猎物时，两眼就会聚集到食物上，虽然这给人以斗鸡眼的憨态，但实际上其扩大了它们的视野，有利于寻找像昆虫那样的小猎物。锁定好了目标之后，它们就会以"迅雷不及掩耳"的速度弹出自己的舌头，仅过四分之一秒时间，黏着在舌头上的猎物就已经到了避役的肚子里了。

鹰：名不虚传的"千里眼"

在鸟类界能做到CEO的职位，没有两把刷子能行得通吗？除了具有高空飞翔的本事，我们的眼睛也确实帮了不少大忙。要是没有它来准确定位地面上的小动物，我们也不过是混办公室的小白领。

■ 第一个"秘密武器"

鹰眼之所以如此敏锐，是因为它有两个"秘密武器"。鹰眼的第一个"秘密武器"是它的大瞳孔。

瞳孔是光线进入眼睛的通道。一般情况下，瞳孔越大，进入的光线就越多，分辨率也就越高。鹰时常飞翔在数百米以上的高空，大瞳孔让它能更多地接收到地面上的光线，从而形成清晰的图像。

然而，瞳孔并不是越大越好。瞳孔就像照相机里的光圈，在拍照的时候，光线强烈时，要把光圈调小一点，光线暗时则把光圈调大一点。总之，要始终让足够的光线通过光圈进入相机，并使底片曝光，但又不能让过强的光线损坏底片。瞳孔也是一样，太小，接收不到足够的光线，形成不了清晰的图像；太大，因太多的光线进入又有可能灼伤眼睛。

鹰眼具有这样大的瞳孔，如果在强烈的日光条件下，会不会因感光过度而受到伤害呢？回答是否定的。原

▶鹰是食肉的猛禽，嘴弯曲锐利，脚爪具有钩爪，性情凶猛，食物包括小型哺乳动物、爬行动物、其他鸟类以及鱼类，白天活动。

来在鹰的眼内有一个特殊的黑色的结构，叫做梳状突起，它起着滤光器的作用，可以减弱光的强度。所以在极强的光线下，鹰眼也不缩小瞳孔，可以保持很高的视觉灵敏度。

■ 第二个"秘密武器"

鹰眼的第二个"秘密武器"在它的视网膜上。

在脊椎动物眼球最里面紧贴着一层非常薄的视网膜。视网膜就像一架照相机里的感光底片，专门负责感光成像。当眼睛看东西时，物体的影像通过屈光系统，落在视网膜上，视网膜感光成像后，将信息通过视神经传入大脑，最终形成视觉。然而，视网膜各部分的视力并不是一样的。比如说人眼，其视网膜上就有一个特殊的区域，名叫黄斑区，是人眼的光学中心。一般情况下，对人眼进行视力检查，就是检查黄斑区的视觉能力。黄斑区以外的视网膜的视力是极其低下的。黄斑区的中央凹陷，名叫中央凹，是眼睛感光最灵敏的地方，也是我们视觉最清晰的地方。每当人注视某项物体时，眼球常会自觉地转动，就是为了让光线能够尽量聚焦在中

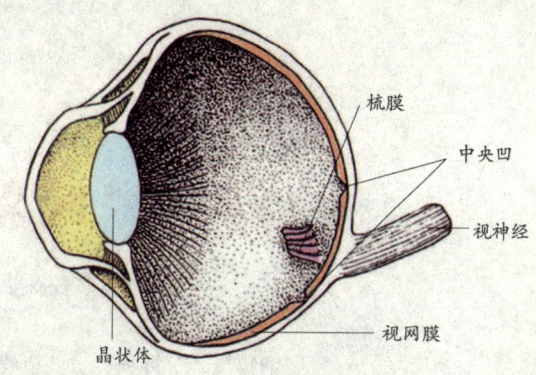

▲ 鹰眼的视网膜上有两个中央凹。

央凹。

鹰眼之所以如此敏锐，就在于它的视网膜上的有两个中央凹：正中央凹和侧中央凹，它们分别集中在眼睛的不同区域。前者能敏锐地发现前侧视野里的物体，后者则接收鹰头前面的物体像。在鹰头的前方有最敏锐的双眼视觉区，是由两个侧中央凹的视野交盖而成，这样，鹰眼的视野便近似于球形，所以鹰能看到非常宽广的地域。

另外，鹰眼中央凹上的感光细胞非常多，每平方毫米多达100万个（人眼仅有约15万个），所以鹰眼要比人眼的视觉敏锐得多，它可以侦查到相当于人眼觉察距离30倍的猎物。

小动物的大智慧

猫：眼睛就像夜视仪

"懒猫"、"馋猫"、"夜猫子"，这些不咋地的名声是你们人类给我们猫家族扣上的屎盆子，我们坚决不接受。谁说我们天生就懒，就馋，就爱熬夜？你们只是看到了事物的现象，却没有去深究本质。这是对我们极大的不尊重。

■ 夜视能力超强

猫在人类的眼中总是一副懒洋洋的样子，它们一天之中的大部分时间都处在睡觉状态，有的猫甚至一天要睡20个小时以上，所以就有了"懒猫"的称呼。这实在是冤枉了猫儿们，因为在白天它们的视力比人类差很多，所以它们白天才懒洋洋地躺着。昼视能力的"牺牲"换来的是它们超级强大的夜视能力。猫的夜视能力相当出色，是人类的6倍，在完全黑暗的环境中，猫的视觉却相当清晰。猫的夜视能力为何这么强呢？

我们知道，光线进入视网膜后，首先视网膜经过感光，将光信号转换为电信号，然后视神经将电信号传至大脑形成视觉。视网膜上有两类感光细胞：视锥细胞和视杆细胞。视锥细胞能够感受强光和分辨颜色，而视杆细胞则对暗光比较敏感。在黑暗中，视锥细胞开始"罢工"，这个时候，视杆细胞开始工作，这种细胞无法感知色彩，因此在黑夜里看到的东西都是黑白的。猫的视杆细胞和视锥细胞的比例是25∶1（人类只有4∶1），因此当黑夜降临时，猫就变得比人类更为灵敏。

另外，猫的瞳孔对它的夜视能力也非常重要。瞳孔是光线进入眼睛的门户，调节瞳孔的大小，可以调节进入眼内的光线量。瞳孔大小的调节，是通过瞳孔周围括约肌的收缩和舒张来控制的。人眼瞳孔在阳光下虽然

▲ 瞳孔缩成一条线的猫眼。

会缩小，但是因为瞳孔括约肌均匀地长在瞳孔周围，缩小到一定程度便不再缩小了。因此，长时间在强光下，人会感到不舒服。人们在滑雪时，戴有色眼镜就是为了防止强光损伤视网膜。而猫眼的瞳孔括约肌是上下交叉的，收缩能力特别强，它能使瞳孔强烈地收缩，甚至能使瞳孔几乎完全闭合；又能使瞳孔快速张开，甚至扩大至眼球表面的90%。在黑暗中，猫巨大的瞳孔能收集到足够的光线来看清周围的环境。

■ 胡须是"第三只眼"

虽然具有强大的夜视能力，但要想在黑暗中行动游刃有余，猫还需要一个得力的帮手——胡须。猫胡须根部有极细的神经，稍稍触及物体就能感知到，甚至能感知到轻微的空气波动，这是猫视觉器官的重要补充。

如果猫失去了胡须，就会出现磕磕碰碰的现象，无法灵活地去追赶老鼠。因此，有人把猫的胡须比作蜗牛的触角，有雷达的作用。

猫的胡须主要分布于鼻子两侧，下巴、双眼上方及两颊也有数根。如果用笔将这四处的胡须描一下，会出现一个比脸大一圈的圆形。这个圆形的直径正好和猫身体的宽窄相等。猫就根据这一圈胡子来判断自己能否通过狭小的地方。当猫在黑暗处或狭窄的道路上走动时，会微微地抽动胡须，借以探测道路的宽窄，便于准确无误地自由活动。

因为胡须具有这样的作用，所以视野不清时猫也能够辨识位置和方向。因此可以说，胡须是猫的第三只"眼睛"。

除了胡须，猫的前爪上也长有一些比较短的毛，在生物学上它们叫"触毛"，功能跟胡须类似，能帮助猫感受地面的震动，及时作出反应。

■ 不吃老鼠会"睁眼瞎"

千百年来，猫捉老鼠已被人们习以为常，很少有人去思考、去追问，猫为什么要捉老鼠？是猫的本性，还是鼠肉好吃？其实真正的原因是：猫一旦不吃老鼠，它们的夜视能力就会逐渐下降，最后变成夜里的"瞎猫"。

猫要想保持和提高自己的夜视

小动物的大智慧

表达情感的猫耳朵

猫的耳朵小巧玲珑，不仅能清晰地辨别声音，还能用来表达情感。当猫感觉放松时，它们的耳朵就会自然地往前和往外伸展。当听到某个方向有声音时，猫的耳朵会立刻竖起来，进入警戒状态。当猫生气时，它们的耳朵就会抽动。当猫的耳朵伸展平了的话，说明猫在自卫。当猫决定发起进攻时，它的耳朵也能泄露这样的信息：这时猫的耳朵肌肉收紧并开始转动，从后面看，猫耳朵的这种动作会更加明显。

能力，就必须不断补充一种叫做牛磺酸的物质。如果体内长期缺乏这种物质，猫在夜间就会由"一目了然"变成"睁眼瞎"，最后可能完全丧失夜间活动能力。但是猫体内不能合成这种物质，而老鼠体内含有丰富的牛磺酸，所以猫要不断地捕食老鼠才能弥补体内牛磺酸的不足，从而保持夜间敏锐的视觉。

由此可知，猫不仅仅是因为喜欢才吃老鼠，还因为是自身的需要。猫作为鼠类的天敌，可以有效减少鼠类对青苗等农作物的损害，成为人类的农业生产、生活的好帮手。不过，现代人饲养的宠物猫已经很少能吃到鼠肉了，这使得它们的夜间捕鼠能力大大降低。

牛磺酸

牛磺酸最早由牛黄中分离出来，故得名。它具有多种生理功能，其中之一是提高神经传导和视觉机能。1975年Hayes等报道，牛磺酸占视网膜中游离氨基酸总量的50%，缺乏牛磺酸的猫，其视网膜电图显示，杆细胞与锥细胞广泛变性。

各具妙用的个性鼻子

象：鼻子也全能

在动物王国里，我们也算是名副其实的"大力士"。这么庞大的身体，即便那些称王称霸的凶猛家伙都不敢轻易招惹我们。当然，光靠体重是吓唬不住那些坏东西的，我们的长鼻子才是防身的关键武器。谁要敢招惹我们，立刻用鼻子把它卷起，让它做抛物线运动，不死，也得摔个半残。不残，就踩上一脚，送它上西天。另外，我们的鼻子灵巧着呢，它可以替代手来抓取东西，还可以替代舌头，感知味觉。

■ 功能强大

世界上有4000多种哺乳动物，但没有哪一种动物的鼻子比得上大象的鼻子。大象拥有动物界最长的鼻子，长到可以不用俯身弯膝，也能轻而易举地触摸到地面。不仅如此，大象鼻子强大的功能，也是其他动物望尘莫及的。

大象竖起长长的鼻子，在空中摆动，能够嗅到四面八方的气味，而不像其他动物需要转身嗅味。大象的嗅觉十分灵敏，在顺风的情况下，它可以闻到几十米甚至1千米以外的异常气味。通过超强的嗅觉，它可以确定附近有什么动物，它们究竟在干什么。大象的鼻子还能代替嘴唇、舌头

▼尽管有些地方厚达四厘米，但大象的皮肤仍非常敏感，需要经常洗澡、按摩、涂泥巴，以免生病和滋生寄生虫。

神奇动物装

> **大象的葬礼**
>
> 动物学家曾在密林深处看到有数十头大象在为死去的同伴举行葬礼。几十头象围着死去的象发出哀号，为首的雄象用象牙掘松泥土，用鼻子卷起土块，朝死者身上投去，接着群象也学着，朝死象身上投土，很快地将死象掩埋。然后，为首的雄象用鼻子卷起土加在土堆上，并用脚踩，其他的象也跟着踩，很快修成一座"象墓"。当雄象发出洪亮呼叫，群象就停止踩踏，并有次序地绕着土堆，慢慢地走，似在举行遗体告别。直到夕阳西下，才洒泪而去。

尝味道，因而它又是味觉器官。

大象的鼻子非常灵活。它伸长鼻子，能轻而易举地把树上的果子和枝叶掠下，然后再卷回，送进嘴里；还能轻而易举地把地面上的草连根拔起，然后在腿上拍打掉泥土再送到嘴里。经过训练的象，还能用鼻子握住口琴吹曲子。

鼻子还是大象的探测器和武器。大象常把鼻子当拐杖探路，碰到"敌人"，它就甩鼻子，这一甩十分厉害，有时竟能一下子打断对方的几根肋骨。它还能用长鼻子卷起"敌人"，比如卷起一条鳄鱼，用力甩出去，再用脚踩死对手。

大象还能用鼻子帮人搬运物件。经过驯练的大象能轻松地卷起几百千克重的树木或货物，一头象抵得上20～30人的劳动力。在缅甸和泰国都建有"大象学校"，大象毕业后，便被分配到深山老林中当"搬运工"。

■ 灵活自如

说了这么多大象鼻子的功能，接

▲ 一头大象正在用长鼻子从高树枝上摘取多汁的树叶和嫩芽。

下来就要问了，大象的鼻子为什么有这么奇特的功能呢？

原来，大象的长鼻子由近4万块富有弹性的小肌肉组成（人的身体总共才有639块肌肉），中间没有骨骼或软骨，里面有丰富的神经联系，因而能够

· 21 ·

伸缩自如，做出许多灵巧的动作。大象的鼻端生有一个（亚洲象）或两个（非洲象）手指般的突起物，上面集中了丰富的神经细胞，有"舌头尝味"和"鼻子嗅气味"的两种功能。大象鼻子的这种奇特结构，使它的功能独特，使用起来得心应手，具有人手一样的功能，甚至能捡起地上的绣花针。有趣的是，它还能像人类握手一样，用互相缠绕鼻子的方式来表达友好，或者进行雄雌象之间的调情。此外，大象鼻子里面没有痛觉神经，所以不会感觉疼痛，也就不会怕痛了。

大象鼻子虽然灵活自如，却十分娇嫩，如果蚂蚁或其他昆虫钻进去，就会扰得大象难以入眠。所以大象在睡觉的时候，总是把鼻子高高举起，有时还把鼻子衔在嘴里。

■ **结构精巧**

大象的生活离不开水源，它们常常成群结队地来到河边，把鼻子插进河水中。那么，它们是在喝水吗？答案是否定的。

大象的鼻子并不能喝水，只能用来吸水。喝水时，它们先是把水吸到鼻子里，再把鼻子放进口中，然后把水喝下去。大象的鼻子一次可以吸水达9千克。到了炎热的夏天，大象还能将吸足水的鼻子弯到背面，像莲蓬头似的将水喷洒在身体上，痛痛快快地洗个澡。洗完了澡，它们还会用鼻子吸些沙土，喷在身体上。也许有人认为，这是大象在"调皮捣蛋"，其实，大象将沙土粘在皮肤上，完全是为了防止蚊、虻蜢咬。

看到这里，可能有人要问了，大象的鼻子是呼吸器官，用它吸水时，水不会呛入肺部吗？这种担心是多余的。大象的鼻子结构非常巧妙，它的鼻腔后面食道上方，有一块特殊的软骨，起到"阀门"一样的作用。大象在吸水时，喉咙部位的肌肉收缩，"阀门"关闭，水可以顺利进入食道，而不会进入气管。当它将水重新喷出去后，软骨又会自动张开，以保持呼吸的正常进行。

▼成群的大象常常将鼻子举高，迎着风，利用其敏锐的嗅觉，争取提前预警任何威胁。

猪：鼻子当手用

有些地方的人管我们的蹄子叫"猪手"，其实，真正起到"手"的功效的是我们的长鼻子。我们用它来拱开泥土找食物。经过驯化，过上"小康生活"的我们，虽然不需要再这么辛苦，但遗传的记忆，难免会使我们还拱这拱那的，叫我们的主人不待见。

■ "拱"是天生习惯

猪并不是有意要"招人烦"的，它们之所以用鼻子拱来拱去，实在是有"难言之隐"。

猪的祖先是野猪，它们生活在大森林里。没有人喂它们食物，它们只能靠自己出去寻找食物。它们爱吃的东西大部分都长在地下，比如各种植物的根茎，还有泥塘里的鱼等等。但是猪的蹄子只分两个叉，而且也没有关节，不能像猴子、猩猩的"手"能抓、能握、能挖，所以在采食的时候，猪蹄子是帮不上什么忙的。幸好它们长了一个好鼻子，猪的鼻子不仅突出，而且坚韧有力。在取食的时候，猪鼻子就如同一个小型的掘土

▲野猪生活在森林里，很多时候从土里取食

机，将泥土拱开，把埋藏在土地里面的植物根茎找出来大吃一顿。

经过驯化的家猪，鼻子比起野猪来说已经退化并短了很多，但是喜欢拱来拱去的习惯仍然保留着。拱可以说是猪的天性，这个天性对野外生

存来说是必不可少的。不过在人工养殖条件下,就不是什么好习惯了。单是在食料上就很容易造成浪费。喂食时,猪每次都力图占据食槽有利的位置,有时将两前肢踏在食槽中采食,如果食槽易于接近的话,个别猪甚至钻进食槽,站立在食槽的一角,就像野猪拱地觅食一样,以鼻子沿着食槽拱动,将食料搅弄出来,抛洒一地。

猪拱食虽然很不讨人喜欢,但千万不要小看了这一特性,因为它曾经给了人类一个很大的启示。

■ "拱"出防毒面具

第一次世界大战期间,德军和英法联军激烈交战,双方对峙半年之久。为了打破僵局,德军第一次在战场上使用了化学毒剂——氯气。氯气主要通过呼吸道侵入人体,造成呼吸困难,严重时会引发肺水肿,导致死亡。德军在阵地前沿设置了5730个盛有氯气的钢瓶,朝着英法联军阵地的顺风方向打开瓶盖,把180吨氯气释放了出去。顿时,一片绿色烟雾腾起,并以每秒3米的速度向对方的阵地飘移,一直扩散到联军阵地纵深达25千米处,致使5万英法联军士兵在悄无声息中毒死亡,战场上的大量动物也相继中毒丧命。

可奇怪的是,这一地区的猪竟意外地生存下来。这件事引起了科学家的极大兴趣。经过实地考察、仔细研究后,终于发现了原因——猪拱地的天性让它们幸免于难。原来,当毒气袭来时,猪鼻子受到毒气刺激,难以忍受,于是就拼命地拱土。把土拱起后将嘴巴和鼻子埋进松软的泥土里。而泥土被猪拱动后其颗粒就变得较为松软,对毒气起到了过滤和吸附的作用。由于猪巧妙地利用了大自然赐予它的"防毒面具",所以它们能在这场氯气的浩劫中幸免于难。

根据这一发现,科学家们很快就设计、制造出了第一批防毒面具。但这种防毒面具没有直接采用泥土作为吸附剂,而是使用吸附能力很强的活性炭,猪鼻子的形状能装入较多的活性炭。如今尽管吸附剂的性能越来越优良,但它酷似猪鼻子的基本样式却一直没有改变。

猪并不"蠢"

在我们的观念中,总是将猪和"笨"、"愚蠢"等词汇联系在一起。其实,猪并不笨,有时它比狗还要聪明。研究者曾把猪和狗分别放在寒气逼人的房间里,教它们按动键钮来打开暖气。结果,猪只用1分钟就学会了这个动作,而狗却需要2分钟以上的时间。美国纽约州的一户人家曾同时收养了一只叫琪弗的小狗和一只叫苏西的4周大的小猪。苏西只训练了3天就会用厕纸了,而琪弗2周以后还没有摸清门道。

神奇动物装

▲ 猪是一种杂食类哺乳动物，身体肥壮，四肢短小，温驯，适应力强，易饲养，繁殖快。

■ 嗅觉发达当"警猪"

猪鼻子除了"拱"的特性外，其嗅觉也非常发达。猪的视觉很差，缺乏辨别能力，而发达的嗅觉则弥补了这种缺陷，可以说鼻子是猪观察世界的窗口。

猪的嗅觉很灵敏，有人便让它寻找丢失的东西，或在战场上嗅出地雷。法国有个小镇，过去一直缺盐。后来有一位居民发现，有头猪总是在一个地方拱土，他掘开一看，里面竟是大量的食盐。

在法国一些地区的地底下，生长着一种价格非常昂贵的黑松露菌（这种菌可以制造高级调味品）。当地的农民把猪当作收获黑松露菌的有力助手。猪在6米远的地方，就能嗅到长在25～30厘米深的地底下的黑松露菌。狗虽然也可以担当这一工作，但训练狗要比训练猪困难得多，而且还得天天让狗去搜寻，如果间隔几天，它就会忘记。而猪在这方面要比狗能干得多，即使每星期只搜寻一次，它们也不会忘记学会的本领。

除了警犬以外，"警猪"也成了"侦探"的后起之秀。德国萨克森州警察局用训练警犬的方法，训练了一头野猪，使之成为"警猪"。它能找到犯罪分子深埋在粪堆中的毒品和枪支，并用大鼻子给拱出来。通常，警犬最怕在炎热的天气执行任务，只要搜寻15分钟，便会出现不耐烦的神情。可是，"警猪"却能连续几个小时将鼻子贴在发烫的地面上，为主人尽力搜寻物品。

狗：鼻子会"分析"

人们形容某人嗅觉灵敏，就会说：你长了个狗鼻子。这种夸赞让我们这些忠心的家伙们很受用。我们鼻子的这种超强分析能力，使得我们的一些优秀同胞们成为国家公安系统的"公务员"。它们有个响亮的名字：警犬。

■ 嗅觉非常灵敏

哺乳动物的鼻子构造大致相同，鼻腔上部有许多褶皱，褶皱上有一层黏膜，黏膜里藏着许多嗅觉细胞。当黏膜上分泌出来的黏液经常润湿着这些嗅觉细胞时，就会使具有气味的物质分子溶解在黏液里，并刺激嗅觉细胞，嗅觉细胞马上向大脑嗅觉中枢发出信号，于是就产生"味"的感觉了。嗅觉的好坏，是由鼻腔中嗅觉黏膜的面积和嗅觉细胞的数量决定的。

狗鼻子的特殊之处就在于它的鼻梁更长，鼻腔更大，鼻腔内的褶皱更多，也就能容纳更多的嗅觉细胞。与人类相比，狗的嗅觉黏膜褶皱表面积可以达到人类的10~50倍。人类的嗅觉细胞大概有500万个，而狗的嗅觉细胞大约有2亿个。因此狗的嗅觉非常灵敏，其嗅觉甚至比人灵敏100万倍以上。举例来说，即使是对于汗的一种成分，狗的敏感度也要达到人的100万~1亿倍。因此，狗能闻到人类根本闻不到的微弱气味。

值得一提的是，狗不仅鼻腔内分布有大量嗅觉细胞，就连鼻腔外那块不长毛的鼻尖上面也布满了嗅觉细胞。鼻尖裸露在空气中，能更快更多地接触到空气中的气味分子，因此是嗅觉器官的主要部分。

■ 分析能力高超

狗鼻子的嗅觉能力在饲养的家畜中占首位，其灵敏度十分惊人。据专家测定，狗能感觉到200万种物质发出的不同浓度的气味。一般每立方厘米的空气中含有2.68×10^{18}个气体分子，只要其中有几千个油酸分子，狗就能嗅出来。在一桶水中滴入数滴碳酸，狗也能分辨出来。

狗鼻子能分辨大约200万种不同的气味，而且，它还具有高度的"分析能力"，能够从许多混杂在一起的气味中，嗅出它所要寻找的那种气味。狗仅从残留的气味中，就可以判断出留下这些气味的人或者狗是从哪个方向来的，去往哪个方向，是大人还是小孩，是公狗还是母狗。

有人还发现，狗对人脚汗中的脂肪酸十分敏感。由于每个人分泌出来的汗液在组成上或多或少会有差异，而脚分泌的汗液中有少量能够穿过鞋底留在地上，狗依此可以嗅出不同人的踪迹。因此，狗可以帮助警察破案，追踪罪犯，搜查爆炸物、毒品等，真是缉拿犯罪分子的好助手，也有人称狗为"靠鼻子生活的动物"。

■ **湿鼻子更好用**

如果细心观察的话，会发现狗的鼻尖经常是湿漉漉的，有时候狗还会用舌头去舔湿自己的鼻子，这是为什么呢？

和人类一样，狗的鼻子是和泪腺连在一起的。因此，其鼻孔会不停地

▲ 狗的嗅觉在狗的生活中起着重要作用，即使是在睡觉的时候，狗也会将鼻子露出来，保证鼻子时刻警惕四周的情况，以便随时作出反应。

泪 腺

泪腺是眼眶外上方分泌泪液的腺体。泪液是一种透明含盐溶液，有保持眼球表面湿润、清洗眼球的作用。另外，泪液中的乳铁蛋白、β—溶素等都具有防卫功能，能抑制细菌生长。

分泌出分泌物（泪液），让鼻子湿漉漉的。我们知道，空气中飘浮着很多微小粒子，这些微粒是气味的来源，会伴随着呼吸进入鼻腔里。人们在呼吸时，组成这些气味的微小粒子会被吸附在鼻孔内的黏膜上。如果黏膜是湿润的，微小粒子就更容易吸附在上面，也就更容易感知到气味。据说，湿润的鼻子还可以判断风向，从而了解气味是从哪个方向传来的。

| 小动物的大智慧

▲ 狗的鼻尖总是湿漉漉的。

狗用舌头舔湿自己的鼻子，也是为了保持敏锐的嗅觉。尤其是在刚醒来的时候，狗会不停地舔鼻子。狗在睡觉的时候，泪腺会停止分泌泪液，所以那时狗的鼻子是干的。狗醒来的时候会把鼻子舔湿。睡醒的狗舔鼻子，可能就和人洗脸一样，是为了让心情更舒畅。它们通过舔自己的鼻子，让鼻子保持湿润，从而让自己顺利地闻到气味。

■ 能预报地震

奇怪的是，在地震发生之前，狗也会无意识地帮助主人脱险。1976年夏天，唐山地震发生之前，在唐山、丰南、香河等地至少发生了十几起这类事件：狗向天空狂吠乱叫，不听主人的指挥；嗅地扒坑，嗅地不抬头；叼走狗崽，挠门撞窗等等。有一只狼狗，当晚狂吠不止，影响主人睡觉，主人把狗打跑，刚睡下，狗又来乱吠。他再起床打狗，边追边打，刚出大门，地震就发生了。

为什么在地震前，狗会出现行为异常呢？德国和意大利的科学家作出了新的解释：地震前，空气中会产生一种带电粒子，狗的嗅觉很灵敏，容易觉察到这种变化。在地下的化学元素也会发生变化，产生一种"地气味"，狗闻到这种特殊气味以后，会产生行为的异常反应。其他动物，比如鱼、蛇、鼠、家禽等等，也能够产生一些异常行为，人们就可以利用这种现象作为震前的预报手段，以便采取必要的措施。

狗舌头的妙处

狗在炎热的夏季或剧烈奔跑以后，往往把长长的舌头伸出口外。原来，狗皮很厚，毛又密，而且没有汗腺，只能靠呼吸排出体内多余的热量。由于狗的舌头上血液循环特别旺盛，是一种高效率的散热器，利用舌头上水分的蒸发，散发体内的热量，就可以起到"降温"的作用。有时狗会躺在太阳光下，用舌头舔着身上的毛。人们往往以为它们是清除身上的龌龊，其实不是，科学家研究发现，动物毛皮里含有胆固醇和麦角醇，经过阳光中紫外线的照射，会产生维生素D。它们用舌头舔身上的毛，原来是在给自己补充维生素D。有的时候，它们也会用舌头舔身上的伤口，因为唾液中有促进伤口愈合的物质。

长鼻猴：大鼻子"情圣"

我们王国里有一条不成文的规定：雄性的鼻子越大就越性感。所以，我们的首领是真正的大鼻子"情圣"。它跟仰慕它的妻妾们构成一个大家族，共同生活在一起。有这么多女子陪伴，首领在开心的同时也会有隐忧：它担心长大成人的儿子们会篡权。为了以防万一，在儿子们刚能独立生活的时候，它就狠心地将它们驱逐出家门。不过，噩梦并不会就此消失。其他家族被驱逐的年轻人随时有可能找上门来，夺走它所拥有的一切，成为新的"情圣"。

■ 鼻子表达感情

长鼻猴为猴科，是世界上体重最重的猴子，仅产于亚洲东南部的加里曼丹岛上。那里气候炎热，土地贫瘠，而且经常有蚊子、白蛉骚扰，生存环境并不理想。不过，长鼻猴对于它唯一的家园情有独钟，尤其喜欢栖息于生长着红树林、水椰林和棕榈林的沿海或河边沼泽附近的森林中，因为这里的食物比岛上其他森林多。

长鼻猴与其他猴类最大的区别，是成年雄兽的鼻子随着年龄的增长，变得越来越大，最终长度竟达到7~8厘米，最长可达约18厘米。它们的长鼻子颜色红艳，远远望去，就

▼雄性长鼻猴依靠硕大的鼻子讨异性的欢心。

像挂在脸上的一个茄子状的红气球。由于长鼻猴这条大鼻子一直悬垂到嘴的前面，晃晃荡荡，在它吃东西的时候，就不得不先将大鼻子歪到一边。更为有趣的是，在长鼻猴心情激动的时候，这条大鼻子还能向前挺直，并且上下晃动，样子十分滑稽，令人捧腹。到了求偶的季节，雄性长鼻猴主要依靠硕大的鼻子来讨雌性长鼻猴的欢心。在雌性长鼻猴看来，雄性长鼻猴的鼻子越长就越性感。此外，雄性长鼻猴还长着一个与众不同的、胀鼓鼓的大肚皮，使得不熟悉长鼻猴特点的人往往将它误认为是即将临产的雌性长鼻猴。

▲雌性长鼻猴的鼻子很普通。

相比之下，雌性长鼻猴显得十分小巧，它的体型还不到雄性长鼻猴的一半大，体重仅有11千克，既没有巨大的悬垂状的鼻子，也没有特别膨大的肚子，只是全身上下披着鲜艳的红色体毛，表现出独特的风韵。

■ 长鼻猴的习性

长鼻猴喜群居，常以10～30只集为一群，活动范围不到2平方千米。善游泳，常在河中一边找东西吃，一边打闹着玩。有时，它们也能静下来一动不动地待上好几个小时，好像在感悟人生的意义。

在加里曼丹岛上，由于土壤贫瘠，体型较大的长鼻猴的食物并不丰富，很多植物的树叶都很粗糙，根本无法消化，因此在树上的果实尚未成熟的季节里，要找到可吃的食物也是很困难的。长鼻猴不得不每天走几千米的路去寻找足够的食物。

所幸的是，长鼻猴的大肚子中有一个很大的、袋状的胃，与反刍动物的胃十分相似。在胃中，科学家发现里面生存着许多种可以发酵食物的微生物，使长鼻猴能够消化含有大量纤维素的植物叶子，因此长鼻猴所吃的植物种类要比其他灵长类动物更多。此外，生长在长鼻猴胃中的微生物还能分解某些毒素，万一长鼻猴吃到有毒的食物，会在被消化吸收进入血液之前，就被微生物分解而失去毒性。

异常灵敏的厉害耳朵

| 小动物的大智慧

夜蛾：我们的耳朵有一套

"黑夜给了我黑色的眼睛，我却用它寻找光明"这句诗最能诠释我们夜蛾家族的生活习性了。为了追寻光明，我们甚至不惜牺牲自己，所以才有了"飞蛾扑火"的壮烈。虽说，我们对光明没有抵抗力，但对付我们的敌人——蝙蝠，我们却有一套让科学家都感到惊叹的本领。人类制造的隐形战机就是受我们的启发。

■ 对付蝙蝠有法宝

"飞蛾杀手"蝙蝠在夜里靠发出的超声波分辨事物。夜蛾能逃过蝙蝠的"法眼"，主要靠它奇特的"耳朵"——鼓膜器。鼓膜器生在胸腹之间的凹陷处，能截听蝙蝠发出的超声波，还能对超声波进行分析。当蝙蝠还在离夜蛾30米远、5米高的范围内飞行时，夜蛾不仅能感知到它微弱的超声波信号，而且还能查明自己与蝙蝠的距离和蝙蝠飞行特征的变化。这时候，一旦蝙蝠发现了夜蛾，为了把目标距离保持在探索范围内，所发出叫声的频率会突然升高。夜蛾"听到"频率突然升高的蝙蝠叫声后，知道蝙蝠已经"盯"上了自己，便趁着蝙蝠还离自己有一段距离时连忙逃走。

如果蝙蝠已经近在咫尺，夜蛾鼓膜里的神经脉冲会达到饱和频率，这

▲ 夜蛾是鳞翅目夜蛾科昆虫的统称，体色一般为暗灰褐色。成虫均在夜间活动，趋光性强。白天则隐藏于荫蔽处，栖止时翅多平贴于腹背。

说明情况已经十分危急。夜蛾会立即采取紧急措施：翻筋斗、兜圈子、螺旋下降，或者干脆收起翅，一个倒栽落到地面或草丛中。这一连串急速多变的动作，往往干扰了蝙蝠的超声波定向，如此一来，位于死亡边缘的夜蛾就化险为夷了。

另外，夜蛾足部关节上的一个振动器，可以发出一连串的"咔嚓"声，用来干扰蝙蝠的超声波定位。披在夜蛾身上的厚厚的绒毛可以吸收超声波，使蝙蝠收不到足够的回声，缩小了蝙蝠声呐的作用距离。还有些夜蛾有"早期报警雷达"，能主动发射超声波来探测蝙蝠，一旦发现"敌情"，夜蛾就趁早逃脱。

夜蛾有这些对付蝙蝠的法宝，怪不得那些擅长捉飞虫的蝙蝠，要想捉住夜蛾却并不容易。

- **反雷达给人的启示**

夜蛾的家族很大，有2万多种。它们大多是害虫，常在叶片的背面产卵。幼虫醒来以后，就开始大口吃叶片，把叶片咬成一个个洞，活像是筛子底儿。有些"小家伙"很机灵，稍微受到一点惊吓，就会从口里吐出丝，然后像抓着绳索一样，顺着丝滑下来逃走。

长大的夜蛾，白天常常藏在树丛下，它们会把翅平贴在腹背上，这样不

▲ 夜蛾的幼虫身体粗壮，光滑少毛，喜欢吃叶片。它们可以吃光叶片，仅留叶脉，甚至剥食茎秆皮层。

容易受到伤害。等到了晚上，夜蛾就开始活跃起来，争着去寻找灯火和蜜糖。它们喜欢光亮和甜的东西。在科学上，称它们有很强的趋光性。

夜蛾的种类多，又多是吃植物的，因此，它们是很厉害的害虫。夜蛾和幼虫喜欢吞食农作物、果树、木材，是农业生产上的大敌。科学家利用蝙蝠超声发音器，模拟蝙蝠发出的声音在农田中播放，吓唬并驱赶夜蛾，保护庄稼，且效果很好。

人们模仿夜蛾的反雷达装置，在军用飞机和舰船上安装雷达监测器和干扰系统，可以随时发现敌方雷达发出的电波，然后放出干扰电波，使敌方雷达系统产生混乱，无法发现己方的准确位置。隐形战机不容易被对方雷达发现，也是因为战机上面有一层吸附雷达电波的涂层。

| 小动物的大智慧

蛇：靠"感觉"来生活

> 西方人的《圣经》把我们描绘成万恶的诱惑者形象，东方人对我们也没什么好感，还专门总结出了对付我们的一条秘籍：打蛇打七寸。哼，我们也不是软蛋，白白地就让你们给欺负了。"一朝被蛇咬，十年怕井绳"，这就是我们对你们最好的精神惩罚。其实，之所以造成今天这种局面，完全是彼此误会了。我们一般不会主动攻击你们，也请你们在野外走路的时候，放重脚步，或打打草，让我们"感觉"到你们的存在。

■ 只有内耳

很多人天生惧怕蛇，而蛇也惧怕人。其实，蛇并不喜欢被人打扰，它们喜欢在太阳下懒洋洋地躺着，如果这时候有"不速之客"去打扰它们，它们就会扭动着身子到别的地方去。那么，蛇是怎样发现人的呢？是通过耳朵听声音吗？

蛇没有人类这样明显的耳朵，它们没有外耳和中耳，但有发达的内耳。只要地面上稍有振动，蛇就会通过紧贴地面的肋骨，及其头部骨骼传到内耳，使其迅速做出反应。因此，靠空气传播的声波振动，蛇几乎感受不到；而靠地面传播的声波振动，它们就特别敏感。

一般来说，蛇不会主动进攻人，除非是你伤害到了它。比如你一不留神踩到了蛇的尾巴，它就会毫不客气地回敬你一口。为了避免蛇的攻击，人们在山路上走或者在荒山野岭劳动时，常常要用木棍敲打地面和草丛，或者故意加重脚步踩踏地面，这样做就是为了"打草惊蛇"，让蛇提前回避路人。

为何不停吐信子

蛇在地面上匍匐前进时,总是仰着头,舌尖不停地伸进伸出,我们说它在"吐信子"。蛇的舌尖上有丰富的黏液和许多感觉细胞,能敏锐感觉到周围物体移动时所形成的空气压力。蛇正是依靠"吐信子"来探察周围的情况、识别天敌和寻找食物,舌头起到了触觉和味觉的作用。

■ 顺地听声

电影、电视里常有这样的镜头:一些舞蛇人,他们多以红布裹头,双手捏着木笛,鼓着腮帮子吹奏音乐。在他们面前有个草编的圆篓,圆篓常用红布盖着,一条威风凛凛的眼镜王蛇盘旋在里面。眼镜王蛇随着音乐声会耸起上半身,左右摇摆,好像在"翩翩起舞"。难道蛇真的有灵性?它们真的能听到音乐声?真的有翩翩起舞的雅兴吗?

事实上,蛇基本听不到音乐声,更不可能听懂音乐。蛇只有内耳,听力很差劲。靠空气传播的声波振动,蛇只能勉强听到频率很低的声波振动。舞蛇人吹奏的音乐,即使很动听,蛇也是听不到的。可是蛇为什么会"站立起来跳舞"呢?

原来,舞蛇人是通过其他方式给予蛇信号的。他们的脚在地面上轻拍,用木棒在蛇筐上敲打,这些动作引起了地面的震动,蛇就被惊动了。于是蛇从筐里探出头来,寻找出击的目标。它摇摇摆摆地立起身子,这是蛇的防御本能,跟吹奏的音乐没有关系。一旦停止了摇摆,身子就会瘫下去。至于舞蛇人吹奏音乐那只是障眼法,所谓蛇"闻歌起舞"只是人们美好的幻想罢了。

◀ 处于戒备状态的眼镜蛇。多数蛇类都不会主动攻击人类,除非它受到惊吓或伤害。

| 小动物的大智慧

蝙蝠:飞行的"雷达"

> 我们跟老鼠没有任何亲缘关系,却长得跟它们那么相像,这着实让我们有些恼火。值得安慰的是,我们模样不咋地,但本事可不小。在哺乳动物界里,我们是唯一的"空中飞人",打破了"飞禽走兽"的偏见。呵呵,更厉害的还在后头,我这还没说完呢。我们的另一项绝活是:运用超声波,绕开障碍物进行捕食。受我们的启发,科学家研制出了雷达。

■ 夜行不迷路

蝙蝠是哺乳动物中翼手目动物的总称,其四肢和尾之间覆盖着薄而坚韧的皮质膜,可以像鸟一样鼓翼飞行。蝙蝠可分成两种,大蝙蝠和小蝙蝠。大蝙蝠吃植物的果实,小蝙蝠主要吃小昆虫。而且,几乎所有的蝙蝠都是白天休息,夜里出来寻找食物的。夜里捕食,既能躲避天敌又能避开强烈的阳光。

当然,蝙蝠能够在夜里出没,最主要的是它能在伸手不见五指的夜里,自由自在地飞行,不但不会迷失方向,还能避开各种障碍物,准确无误地捕捉昆虫。在这里,我们不得不提到蝙蝠的生物波。

蝙蝠在飞行的时候,不断从喉咙里发出一种生物波。这种生物波频率很高,我们叫它超声波,人的耳朵是听不到的。超声波发出以后,碰到物体就会反射回来,

▲夜间,蝙蝠靠超声波定位来捕捉昆虫。

神奇动物装

倒挂的秘密

蝙蝠常倒挂在树枝上或山洞的石壁上。它们为何要这样呢？原来，蝙蝠的后肢又短又小，想站起来都很困难。倘若落在地面上，只能缓缓地爬行，很容易被它的敌人捉住。蝙蝠休息时会倒挂在一些隐蔽的地方，这就安全多了。这样倒挂在高处还有个好处，就是可以借助下落迅速起飞，它们行动起来更方便。

再由蝙蝠的耳朵负责接收，以此判断是障碍物还是昆虫，最后决定是躲避还是捕食，整个过程几乎是瞬间完成的。此时，蝙蝠不但判定了对象的位置，就连飞行的路线都决定好了。

■ 超声波定位

关于超声波的发现，有这样一个实验。有人曾将蝙蝠的眼睛蒙起后，放在一个布满绳索的黑屋子内，还在绳子上挂了密密麻麻的铃铛，结果蝙蝠在屋内飞行自如，没有碰到绳子，也没有碰响铃铛。可是如果把它的口与耳塞住，蝙蝠就会活生生撞墙而死。通过这个实验人们知道，蝙蝠能在夜里准确行动，靠的不是眼睛，而是口、耳以及它发出的超声波。

人们在蝙蝠超声波的启发下，研制出了声音雷达，又叫声呐系统。雷达可以很快很准地测定很大范围内的东西。比如测定水中的物体和船只的位置，只用几分之一秒的时间就可以把数百平方千米水域的物体收录在荧

▲蝙蝠外耳向前突出，很大，而且活动非常灵活。

光屏上。科学家们根据声呐的原理，还设计出了一种盲人探路仪，使盲人具有一个"超声波"的眼睛，可以将前方的路况送到盲人耳朵里，确保盲人行路的安全。

虽然人们借鉴蝙蝠有了些成果，但是科学家们仍认为，人造声呐系统的灵敏度和抗干扰性远不如蝙蝠，而且耗能极大，可见大自然中的生物体是多么的巧妙神奇。

兔子：耳朵竟然是散热器

拉风的大耳朵和三瓣嘴是我们兔子家族最显著的外在特征。我们的长耳朵除了能提前预警、保持身体平衡以及做接触传感器外，更神奇的用途是：它竟然可以当身体的散热器来使用。

■ 提前预警

兔子的耳朵又长又大，它有很多实用的功能。

兔子属于弱小的食草动物，在处处险恶的野外，很容易受到其他食肉动物的攻击。为了能够逃避敌人的捕获，兔子必须警惕周围的动静。耳朵正好为兔子提前预警危险并作出相应反应提供了保障。

兔子的长耳朵不仅能够左右活动，还能够上下活动。高度的灵活性让兔子不用转动头部和身体，紧靠耳朵的旋转，就能收集到来自四面八方的声波。此外，兔子的听力也非常灵敏，其听觉是人的两倍，这使得它们能听到很微弱的声音，比如食肉动物悄悄逼近时发出的声音，从而提前避开天敌。

除了听力好之外，兔子的耳朵还有很多其他功能。

需要快速奔跑的动物，常摆动尾巴以平衡身体，而兔子却摆动耳朵

▼兔子在听到陌生的声音时，会睁大眼睛，竖起长长的耳朵。

平衡身体。就像我们骑自行车一样，通过左右摆动车把，来维持车子的平衡。这说明兔子耳朵长、尾巴短的进化是有科学依据的。

还有人认为，兔子的后背高于头部，竖起来的大耳朵可以当接触传感器使用。如果在运动过程中耳朵尖接触到了物体，它就会及时收缩后背的高度，避免与物体发生碰撞。因此，当兔子向前行走时，哪怕只迈出一小步，都会竖起一双耳朵。尤其是当兔子进入光线极差的洞穴中之后，长长的大耳朵可以让它免于接连碰壁。

▲ 寒冷的冬季，雪鞋兔将两只长耳朵紧贴后背，防止体热的散失。

■ 调节体温

除了上述几点外，兔子的耳朵还有一个很大的用处，就是调节体温。

兔耳上布满密密麻麻的毛细血管网，随着血液循环，能不断地向外界散发体内过多的热量。当天气酷热的时候，兔子将两只耳朵全部竖立起来，加大了与空气的接触面积，同时兔耳上的毛细血管全部开放，血液流量增大，体内过多的热量就会散发出去。当天气寒冷时，兔子又会将两只耳朵紧紧贴在背上，以减少与空气的接触面积。这时，兔耳上的毛细血管多数被关闭，血液流量小，散热减少，用来保温。

有一个叫舒尔茨的美国学者，特意做了一个有趣的实验。他别出心裁地利用几千只长耳兔作为温室的"热源"。在这个温室里，他一面饲养兔子，一面种植作物。当室外气温为0℃时，"兔热"居然使室温保持在13℃左右。

通过耳朵散热的动物，还有狐狸等。而人类是通过出汗散热的；狗是通过喘气散热的；森林之王老虎则是将肚皮贴着阴凉的地面或是下到水里散热的。

三瓣嘴的好处

兔子还有个明显的特征，就是上嘴唇中间裂开，看上去像是三瓣嘴。其实，所有的脊椎动物都只有上下两块颌骨，不会有真正的三瓣嘴。兔子的三瓣嘴，也只是上嘴唇的开裂程度大一些，使它看上去像是两片。三瓣嘴有利于把门齿翻出来，在啃吃很低矮的草时，不会受到嘴唇的阻挡，进食的效率就会提高。

象：传说中的"顺风耳"

从前，当人们发现我们可以和几千米以外的同伴交流沟通、协调行动时，惊讶得不得了，以为我们有超感知能力。后来，科学家研究发现，我们是依靠次声波和震动的声波来传达信息的。这种微弱的声波不在人类的听力范围之内，也就难怪他们当初感到惊讶了。呵呵，我们的耳朵就是传说中的"顺风耳"吧！

■ 大象有超感知觉？

起初，科学家一直不了解大象是怎样和几千米之外的家族成员协调行动的。一个大象家族可能会分开行动达几周之久，接着它们又会在同一时间到达同一地点集合，它们一定在以某种方式交流。但是，它们之间隔着这么远的距离，什么也看不见，什么也听不到，它们是如何交流的呢？因此，有人认为大象有"超感知觉"。

后来，科学家发现了超声波和次声波。人耳能听到的声音是有一定范围的，频率超过这个范围的声音叫超声波，频率低于这个范围的声音叫次声波。例如蝙蝠就是通过超声波来定位的，大象则是通过次声波来交流的。当大象听到远方的同伴发出吼声的时候，其声音里除了人耳能感知的成分之外，还有次声波。次声波比人耳感知的声音传得更久远。通过次声波，白天大象至少能够听到同伴远在4千米之外的呼叫声。到了晚上，随着气温的降低、空气密度的增大，这个距离可以增加到40千米。所以，大象的"超感知觉"，就是它们用次声波来交流。

现在，人们又发现大象不仅可以通过空气传播，还可以通过大地来传递信息。它们会用跺脚来发出隆隆的声响，利用震波与32千米外的同类互通信息。

千奇百怪的
超能嘴巴

小动物的大智慧

剑鱼：海洋中的"活鱼雷"

我们的名字源于身体上那长而尖的吻部，它不但外形像一把利剑，连杀伤力也可谓"名副其实"。我们身上的这把长剑，连鲸见了都胆寒。渔民一般不敢招惹我们，一旦我们生起气来会直接把船刺破，让渔船葬身海底。我们具有如此大的杀伤力，以至于人们送给我们一个外号：活鱼雷。

■ 嘴巴是捕食利器

剑鱼是一种大型的肉食性鱼类，全长可超过五米，体重可达五百千克。剑鱼长有长而尖的吻部，如同一把锋利的剑，约占身体全长的三分之一。

剑鱼的捕食方法很特殊。当它闯进鱼群时，就将身体从水中跃起，经过几次跳跃之后，多数鱼均被震昏了。这时候，它以闪电般的速度在鱼群中横冲直撞，用嘴上的利剑刺向鱼群，再享用被刺死或刺伤的鱼。剑鱼还帮助鲨鱼围攻鲸，用它的长剑直刺鲸的要害部位。

剑鱼肉味鲜美，可是不易捕到，因为各种捕鱼网具都对它们不起作

▼剑鱼全身无鳞，上颌呈剑状突出，身体粗壮，是一种异常凶猛的鱼类，它以鱼和头足类海洋动物为食，如虾、枪乌贼等。

神奇动物装

▲ 剑鱼是价值较高的经济性鱼类，肉鲜红，肝含丰富的维生素。我国台湾渔民用镖枪捕之，南海西沙群岛渔民用延绳钓捕获。

用，只能使用鱼叉。受伤的剑鱼会潜入海底，然后猛地冲上来刺穿或打翻渔船。所以捕捉剑鱼是很冒险的，必须做好充分的准备。

■ 剑鱼撞击船只

剑鱼平时生活在海洋深处，且"安分守己"，"胆小怕事"。当它被激怒时，会不顾一切地向鲸或船只猛扑过去，其游泳的速度快得惊人，常被误认为是鱼雷。剑鱼的长剑冲击力很强，能刺破船的钢板。保险公司在船只保险中，把受到剑鱼攻击列为保险项目之外。

剑鱼撞击船只的情景，惊心动魄。它挟着一道白色的海浪，拼命地向船只冲去，船只遭袭击后，船体会被凿出一个大洞。因此，剑鱼被称为海洋中的活鱼雷。二战期间，美国的一艘油船在横渡大西洋时，船舷竟被一条重达600千克的大剑鱼穿破。

为什么剑鱼有如此强的攻击性呢？剑鱼攻击别的鱼类，显然是为了捕食，可是它为什么要攻击船只呢？目前的看法认为，剑鱼有攻击鲸的习性，可能是错把海上的船只当成鲸了。还有人认为，剑鱼和船只都在快速行驶，由于速度太快，来不及刹车，就与船只相撞了。

■ 催生超音速飞机

剑鱼又叫箭鱼，因它的速度如离弦的箭而得名。事实上，剑鱼的速度要比离弦的箭快得多，就连全速前进的轮船也很难追上它。剑鱼每小时的游泳速度可达120千米，可谓是鱼类中的"游泳冠军"。

那么，剑鱼为何能游得这样快呢？主要是由于它有经典的流线型身体，游泳时很容易克服水的阻力。剑鱼的周身覆盖有一层光滑的黏液，能够减小水的摩擦力；它的尾部较细，摆动有力；头部上颌的长剑又尖、又硬、又长，当它飞速游泳时，长剑起着劈水斩浪的作用，这一点更是不容忽视。

剑鱼长剑似的上颌曾给超音速飞机设计师们启示：他们在观察剑鱼游泳时产生了灵感，便模仿剑鱼的长颌，给飞机头部前方安装了一根"长针"，这根"长针"可刺破高速飞行时所产生的"音障"，超音速飞机就这样诞生了。

鹈鹕：大嘴铲鱼

> 我们的大嘴虽然难看，但却是我们捕食的利器。要是没有了它，还真不知我们的日子该怎么过。人们说，嘴大有福，这话用在我们身上只说对了一半。大嘴也有大嘴的烦恼啊。但值得骄傲的是，我们虽然嘴大，却不像有些鸟类似的喜欢饶舌。"闲时莫论他鸟非"，我们还是很明白此话的道理的。即便交流，我们也只是发出带喉音的咕哝声，浅谈几句便作罢。

■ 用喉囊存食

鹈鹕是种大水鸟，也是捕鱼的能手，身长可达150厘米，有密而短的羽毛。翅膀强大有力，能把庞大的身躯轻易送上天空。鹈鹕的目光锐利，即使在高空飞翔时，水中的鱼儿也逃不过它们的眼睛。但最突出的地方是鹈鹕的嘴，它有一张又长又大的嘴。成年鹈鹕的嘴能长到40厘米。嘴下面还有一个大大的喉囊。

它们常会在空中飞翔，同时侦察水里的情况。如果成群的鹈鹕发现鱼群，它们便从空中像炸弹一样直射进水中，巨大的拍水声在几百米以外都听得清清楚楚。然后，它们排成直线或半圆形进行包抄，把鱼群赶向河岸水浅的地方。这时，它们张开大嘴，凫水前进，连鱼带水都吞进口中，成为囊中之物，再闭上嘴，收缩喉囊把水挤出来，鲜美的鱼便吞入腹中。

鹈鹕大嘴下面的喉囊，就像个小库房，可以暂时存放食物。在繁殖季节，鹈鹕父母会不停地捕食，将食物存放在喉囊中，等到了巢穴中，就将大嘴张开，让小鹈鹕将脑袋伸入它们的喉囊中取食。有时候，小鹈鹕就干脆站在父母的大嘴里吃食。

神奇动物装

▲ 鹈鹕通常会成群的在某个僻静的岛屿生息，尤其是在繁殖季节。

■ 嘴大有烦恼

但巨大的嘴巴，也给鹈鹕带来了烦恼，常常使它显得头重脚轻。当鹈鹕在地上走路的时候，总是摇摇摆摆、步履蹒跚，像个醉鬼或者老人，这全怪鹈鹕的大嘴太过笨重。尤其是当它捕到猎物，大嘴和喉囊里装满了水时候，浮出水面便显得更加困难。鹈鹕浮出水面的时候，总是尾巴先露出水面，然后才是身子和大嘴。

而且，鹈鹕一定要把嘴中的海水吐出来，才能从水面上起飞。鹈鹕从水面上起飞的时候，会快速扇动翅膀，双脚不断划水。在推力的作用下，鹈鹕逐渐加速，达到起飞的速度，才脱离水面飞上天空。有的时候，喉囊里食物太多，会显得非常笨重，就不能顺利起飞，只能浮在水面上，看着天空干着急。

站在父母嘴里取食

每到繁殖季节，鹈鹕便会选择人迹罕至的树林，在一棵高大的树木下，用树枝和杂草在上面筑成巢穴。鹈鹕通常每窝产3枚卵，卵为白色，大小如鹅蛋。孵化和育雏任务由父母共同承担。当小鹈鹕孵化出来后，鹈鹕父母将自己半消化的食物吐在巢穴里，供小鹈鹕食用。小鹈鹕再长大一点时，父母就将自己的大嘴张开，让小鹈鹕将脑袋伸入它们的喉囊中，取食食物。有时小鹈鹕就干脆站在父母的大嘴里吃食。

巨嘴鸟：花哨的大嘴

我们的"巨嘴"确实有些过于张扬。但不张扬的话，我们还是巨嘴鸟嘛？这张绚丽的大嘴，除了求爱时显示自己的英俊，有高超的捕食能力外，更主要的是在"打家劫舍"时，不但要让对方"倾家荡产"，更要被我们这张大嘴吓破胆，不敢来犯。

■ 巨大而绚丽的嘴

巨嘴鸟被评为世界上嘴最大的鸟。它身长60～70厘米，而嘴长可达17～24厘米，约占体长的三分之一。有人不禁要问，这么大的嘴，会不会压得它抬不起头来呢？

不必担心，它的嘴虽然很大，但是却很轻巧。原来，那巨嘴外层只是薄薄的角质鞘，里面近乎中空，重量只有几十克而已，还真有点"华而不实"。嘴的内侧有纤细的骨质支撑杆交错排列着，这会让我们想到石柱林立的岩洞。虽然有这些支撑杆加固，但是巨嘴鸟的嘴还是很脆弱的，有时甚至还会破碎。不过，并不是嘴受伤残，它们就会马上死去。有些个体在嘴明显缺失后，照样还可以生存很长时间。

除了嘴巨大以外，巨嘴鸟的另一显著特征是，嘴和羽毛色彩绚丽。因此，巨嘴鸟是大自然中大胆而浪漫

▲巨嘴鸟主要分布在南美洲热带森林中，尤以亚马孙河口一带为多，主要以果实、种子、昆虫、鸟卵和雏鸡等为食。

的色彩实践者，好像不大介意别人说它过于张扬。它的巨嘴犹如一把镰刀或是半弯月，上面混搭着多彩而亮丽的颜色。猩红的嘴尖，略带吓人的血腥；而黑色的嘴尖，又显出几分滑稽。体上的羽毛多为黑色或栗色，胸脯上的羽毛多为黄色或白色，好像很讲究自己穿着的色彩搭配似的。

■ 嘴"夸张"用处大

巨嘴鸟如此夸张的嘴究竟有什么用途呢？

要说嘴的用处，就得先说饮食。巨嘴鸟以果实、种子、昆虫、鸟卵和雏鸟为食，但主要还是吃果实。巨大的嘴方便它们取食果实。巨嘴鸟体型相对笨重，只能停在较粗的树枝上，如果细枝上有心仪的果实，可那树枝又经不住它们的重量时，巨嘴鸟就会站在粗枝上，用大嘴获取细枝上的果实。它们用嘴攫住果实，然后往后一甩，头扬起，食物就落入喉中。巨嘴鸟的这一系列动作熟练而精准，仿佛杂技演员一样灵巧。

可是取食果实，好像只能解释嘴的长度，却不能解释其厚度和绚丽的色彩。

我们还是要看巨嘴鸟的饮食习惯。巨嘴鸟以食果实为主，偶尔也吃昆虫等动物。一些巨嘴鸟会"拉帮结伙"，活跃地捕食蜥蜴、蛇和雏鸟

▲ 巨嘴鸟一般营居于树的高处，以防止猴子和蛇的攻击，一旦遇到危险，它们也会群起而攻之。

等。有些巨嘴鸟还会跟随密密麻麻的蚂蚁大军，捕捉节肢动物和脊椎动物。这些吃动物的行为，都需要它们有相对结实的嘴，这可以解释它们的嘴的厚度。

巨嘴鸟有土匪的性子，常常打劫其他鸟的鸟巢，它那绚丽的大嘴，可以威吓到其他鸟类。受害的鸟类，常常吓得一动都不敢动，根本不敢发起攻击。只有在巨嘴鸟起飞后，恼怒的鸟儿才会进行反击，甚至会踩在巨嘴鸟的背上，很气愤地又踏又啄又叫，但在巨嘴鸟着陆之前，它们会谨慎地选择撤退。在热带森林中有很多以果实为食的鸟，平时如果大家因为食物发生争执，其他鸟类看到巨嘴鸟如此绚丽霸气的大嘴也会望而生畏，乖乖退让。

不太用心的父母

巨嘴鸟喜欢栖息在高处的树干和树枝上，雨天它们会在树洞里用积水洗澡。配偶间会相互喂食，但同栖枝头时它们并不紧挨着，而是用长长的嘴轻轻地给对方梳理羽毛。亲鸟双方分担孵卵任务，但常常缺乏耐心，很少会坐孵一小时以上。巨嘴鸟容易受惊吓，一有风吹草动，就会立即离巢飞走，往往不会将卵遮掩起来，因此看起来像是不太用心的父母噢。

另外，巨嘴鸟的嘴，还可以区别同类和吸引异性。偶尔，巨嘴鸟也会用大嘴玩游戏。如两只鸟的喙短兵相接后，会紧扣在一起相互推搡，直到一方被迫后撤。而获胜的一方将继续接受下一只鸟的挑战。在另一种游戏中，一只巨嘴鸟抛出一枚果实，另一只鸟在空中接住，然后以类似的方式掷给第三只鸟，后者可能会继续抛向下一只鸟。

■ 营巢生育

多数大型的巨嘴鸟将巢营于树干上因腐朽而成的洞中，并且若繁殖成功则会年复一年地使用。不过，这样的树洞并非随处可得，所以有可能会限制种群的数量。一般而言，巨嘴鸟钟爱的洞木质良好、开口宽度适宜，洞深17厘米至2米。当然，树干根部附近若有合适的洞穴，也会吸引它们将巢营于近地面处。亲鸟双方分担孵卵任务，但常常缺乏耐心，很少会坐孵一小时以上。巨嘴鸟易受惊吓，一有风吹草动，就会立即离巢飞走，往往不会将卵遮掩起来。

几维鸟：嘴当拐棍

我们是新西兰的特有国鸟，成为该国的一种象征。虽说我们体羽不美，没有翅膀，身体又圆圆的，像个笨重的球，但我们一样有绝活：长长的嘴不但可以挖土找虫，还可以在疲劳的时候当成拐棍，和另外两只腿一起将身体牢牢支撑住。

■ 用嘴刺探虫子

几维鸟的整个身子，像鸡一样大小，嘴长而尖，腿部很强壮，羽毛细如丝发，翅退化后，无法飞行。几维鸟很容易受到惊吓，大部分的活动都在夜间进行。觅食时它用尖嘴灵活地刺探，仿佛盲人娴熟地摆动着探路棒，通过灵敏的鼻子寻找食物进而捕食。它们主要吃蚯蚓、昆虫、蜘蛛、蜗牛，甚至吃些小蜥蜴和老鼠，偶尔也会吃落在地面上的水果和浆果。

几维鸟栖息在茂密的森林里，它们白天不离开洞穴，除非在危险的情况下才会离开。一般在夜间出洞觅食。几维鸟的鼻孔不是长在喙的根部，而是长在嘴的尖端，它们的嗅觉非常好，可以嗅到地下十几厘米深处的虫子，然

◀ 几维鸟的鼻孔位于长嘴顶端，嗅觉很敏锐，能够嗅到地下十几厘米深处的虫子。

小动物的大智慧

> **下蛋最大的鸟**
>
> 几维鸟是一夫一妻制,夫妻关系可长达20年,如果一方配偶死亡了,另一方还会守寡。几维鸟有个很奇特的习性,雄鸟负责孵卵的工作,而不是雌鸟。雌鸟下了蛋之后,就待在洞穴外做守卫的卫兵。几维鸟的蛋十分巨大,相当于雌鸟体重的三分之一,堪称世界上下蛋最大的鸟。

后用爪子或者嘴把它挖出来吃掉。此外,它的嘴还有一个让人意想不到的功能:当它需要休息的时候,嘴可以当成第三条腿,如同三脚架一样把身体撑起来,轻松而稳定。

■ 唯一的无翼鸟

几维鸟是新西兰的特产,它进化成这个样子,与新西兰这片土地的历史有关系。

在千万年前,新西兰因被海洋隔离着而远离亚洲及其他大洲。因此没有受到来自亚洲的肉食动物的侵扰,生活在那里的鸟类不必躲避猛兽,可以尽情享受地面上丰富的食物,因此,它们的飞行能力逐渐退化。这片与世隔绝的岛屿一度成为鸟类的天堂,许多独特的鸟类在此繁衍,尤其是无翼鸟更是其他大洲所没有的。因此,新西兰有无翼鸟故乡的称号。但是到了今天,几维鸟是唯一幸存下来的无翼鸟。

几百年来,人类发现了新西兰这块处女地,并带来了外来物种,如鼠、狗、羊、牛、马、猫等,这样的生存环境,对几维鸟很不利。外来的这些动物很快改变了新西兰的生态平衡,加上人类的活动,破坏和侵犯了原本属于鸟类的栖息地,已经使得多种鸟类在新西兰绝迹。

值得庆幸的是,动物的保护越来越受重视。现在,新西兰政府已经采取了相关的保护措施,例如,鉴于猫类对几维鸟的威胁最大,新西兰政府已颁布法令,对有几维鸟出没地区的家猫实施宵禁,以避免几维鸟在夜间出动时被猫捕食。

鲸头鹳："鞋子"嘴

我们的个头不敢说是鸟类中的姚明，也至少比得上科比。但让我们扬名的不是我们的大个头，而是我们像鞋子一样的大丑嘴。你们人类甚至说我们是世界上最丑的动物。这种说法我们觉得还有待商量。加上个"之一"的话，我们也许无话可说。嘴巴虽说丑了些，但锋利度还行。连小鳄鱼都怕我们这把"老虎钳"。

可以钳杀鳄鱼

鲸头鹳是大个头，身长可达1.5米。白天隐藏在草丛或苇丛中，黄昏出来觅食，很少被人发现。它常吃的是鱼类、青蛙、水蛇等动物，身体隐藏在水边茂密的水草丛中，等待捕捉猎物。到了旱季，沼泽干涸，就掘食潜入泥土中的肺鱼。

鲸头鹳的嘴巨大而扁平，宽有10厘米，长有23厘米，跟一只鞋子大小差不多。这只"鞋"不可小觑，不仅顶端非常尖锐，周边也像快刀般锋利，能够穿透鳄鱼厚厚的皮肤，可以像老虎钳一样钳住鳄鱼。没错，鲸头鹳也能捕食幼小的鳄鱼。

鲸头鹳捕食鳄鱼的方式很独特。它站在水中，将嘴靠在胸膛边，长时间地一动不动，从远处望去，活像一

▲鲸头鹳的喙巨大而扁平，跟鞋子大小差不多。

块竖立在水中的石头。没有经验的小鳄鱼，并没有感觉到危险，不知不觉地游到了鲸头鹳的脚下。刹那间，鲸头鹳飞身潜水，嘴夹着小鳄鱼，又立即穿出水面，把小鳄鱼落在岩石上就餐。鲸头鹳捕捉鳄鱼时极为神速，但吃起来却大费时间。原来，鳄鱼身上缠着许多水草，必须设法去掉。鲸头鹳在岩石上耐心地翻动鳄鱼，直到水草脱落才食用，而这至少需要15分钟的时间。

■ 用作飞行水箱

鲸头鹳把巢建在4米多高的岩石上，用水草铺成。它一次繁育2~3只雏鸟，但通常只能养活1只。孵卵期为45天，雌雄鸟共同孵化，每6小时轮班一次。幼鸟出壳后，双亲将猎物撕裂为小块，夹在嘴里。幼鸟跳起扑上，争抢肉块。4周后，幼鸟的喙已经长得很长了，它们能一下子吞进一条60厘米长的水蛇。5周后，幼鸟进食量更大了，父母几乎要夜以继日地捕食才能满足它们的需求。

最使幼鸟难以忍受的是热带地

▲将沉重的喙倚在胸部，鲸头鹳可以一动不动地站上数小时，只有在改变头部位置的时候才会偶尔动一下。然而一旦发现潜在的猎物，它就会迅速行动起来。

区炎热的气候。成年鲸头鹳还有为幼鸟降温的高招。它们鞋样的大嘴成为"飞行水箱"：成年鸟用巨大的嘴含满水，然后向幼鸟喷出，幼鸟就站在下面舒服地"淋浴"。如果它们口渴，只要张开嘴，就喝到了水，也顺便解了渴。

影响生活的另类牙齿

| 小动物的大智慧

大白鲨：一生不断换牙

> 在海洋世界，我们算是老大。我们的威名，连你们人类都惧怕三分。其实，我们并不是有意攻击你们，只是错把你们当成我们喜爱的美食——海豹了。你们被我们锋利的牙齿咬伤了会害怕，我们认错了对象，还扫兴呢。现在知道我们的武器了吧？没错，就是我们一生不断更换的利牙。

■ 一生不断换牙

我们人类的牙齿，是在小时候成长和更换，长大以后就不再更换了。而且更换时，人的牙是脱落了之后，牙床上再慢慢长出新牙。大白鲨与我们不同。它不像其他海洋动物那样，只有恒定的一排牙齿，而是有好几排牙齿。最外面的一排牙齿真正起作用，其他几排都是"仰卧"着备用的，好像屋顶上的瓦片一样彼此覆盖着。一旦最外面的一排牙齿发生脱落或磨损时，在里面的一排牙齿就会向前面移动，用来补充替换外面的牙齿。同时，较大的牙齿还要不断取代较小的牙齿。在任何时候，大白鲨的牙齿都有约三分之一处于更换过程中，我们可以设想一下，那就像坦克车的履带一样是流动的。总之，大白鲨要时刻保持牙齿的健康、锋利。大

▲ 大白鲨的牙齿呈锯齿状，具有很大的杀伤力，当它用力摆动头部的时候，牙齿可以从大型猎物身上撕下大块的肉。

白鲨的一生常常要更换数以万计的牙齿。

大白鲨的牙齿,不仅锋利无比,而且强劲有力。有人曾将金属咬力器藏在鱼饵中,用来测定一条体长2.5米的鲨鱼咬力大小,结果发现其咬食压力高达每平方厘米3000千克。由此来看,有些商轮在航海日记上所记载的轮船推进器被鲨鱼咬弯、船体被鲨鱼咬破的事故,也就不足为奇了。

▲ 大白鲨的主要食物,如海豹、金枪鱼等都是游泳极快速的猎物,有时候大白鲨为了追捕猎物,甚至会跃出水面攻击猎物。

■ 敢吃的"杂食家"

也许是因为牙齿用不尽的缘故,大白鲨是个不折不扣的"杂食家",它好像什么都敢尝试。虽然大白鲨最喜欢捕食海豹、海狮,但除此之外还吞食许多东西,如海獭、海面上漂浮的死鱼等。在解剖大白鲨的胃部时,人们发现里面有瓶子、罐头壳、草帽、捕龙虾的笼子,甚至还有布谷鸟。

大白鲨在捕猎时,一般采取突击的方式。它们首先会在水底埋伏着,由于大白鲨的背部呈深色,猎物在水面上难以察觉到。当大白鲨确认猎物后,便从下至上向猎物攻击。一般情况下,第一击会令猎物重伤,这时大白鲨会停止任何攻击,直至猎物失血过多死亡后,再以温和的方式享用猎物。当猎物高速前进时,大白鲨甚至会跃出水面攻击猎物。

大白鲨也吃腐烂的鲸尸体,当大型鲸死亡搁浅,腐肉的气味会吸引来大白鲨。大白鲨还有同类相残的习性,假如一条大白鲨受伤,或是被困在渔网中,便会被其他同类吃掉。

大白鲨有时会攻击人类,但是这种情况很罕见。有海洋生物学家说:"你被大白鲨吃掉的可能性跟你再次彩票中奖的可能性一样。"大多数情况下是鲨鱼误将冲浪的人当做海豹,而且在确认后多半会吐掉。大多数的攻击也发生在能见度低的海水中。大白鲨有很强的好奇心,常用啃咬的方式探索不熟悉的目标。显然大白鲨对人不大感兴趣,也许它们咬到了人,对它们来说,是件非常扫兴的事。

鳄鱼：血盆大口上的槽生齿

我们虽然名字叫鳄鱼，但却不是鱼的亲戚，你看看我们那四条小短腿，就知道我们是名副其实的爬行动物了。我们这种物种生存能力顽强，与我们同时代的恐龙早已灭绝，我们却一直延续到今天。我们性情凶猛，连你们人类也惧怕三分，除了我们面目狰狞的外表之外，更让你们胆寒的是不是血盆大口上的锋利牙齿？不过，那只是个假象，纯粹为了吓唬你们。

■ 不能撕咬咀嚼

鳄鱼的牙齿看似锋利无比，却是个假象。原来那是槽生齿，这种牙齿在脱落后可以很快重新长出，使鳄鱼终生拥有健康的牙齿，但是却不能撕咬和咀嚼食物。这让鳄鱼强大的双颌功能大减，既然不能撕咬和咀嚼，就只能用嘴巴将食物夹住，然后囫囵吞枣般地咽下去。

因为有这样一副牙齿，鳄鱼就有了一些独特的生活个性。当扑到较大的陆生动物时，鳄鱼不能将其咬死，就将其拖入水中淹死；相反，当扑到较大的水生动物时，就把它抛上陆地，让猎物因缺氧而死。当遇到大块食物不能吞下时，鳄鱼往往会用嘴巴夹住食物，在石头或树干上猛烈摔打，等把食

▲ 鳄鱼的牙齿看似锋利无比，其实是个假象。

神奇动物装

> **槽生齿**
>
> 槽生齿是牙齿的一种类型，见于哺乳动物和部分爬行动物。这种牙齿的齿根发达，深植于齿槽里，很牢固，但无法撕咬和咀嚼。

物摔软或摔碎了再吃。如果这样还不行，它干脆把食物丢下，任其自然腐烂，等烂到可以吞食了再吃。

■ **吃石块以助消化**

鳄鱼的牙齿不尽如意，作为生理补偿，它有一个异常强大的胃。鳄鱼的胃里，胃酸多，浓度高，能将骨头、羽毛这些东西消化。另外，鳄鱼经常吞吃石块。生活在淤泥里的鳄鱼，为了寻找石块，不惜爬很远的路。为什么鳄鱼会吞吃石块呢？原来鳄鱼吞下的石块，停留在胃里，是为了帮着磨碎骨头、硬壳这些不易处理的食物。鳄鱼胃里的石块，大约占体重的1%，但是会随着年龄的增长而有所变化。

石块除了帮助消化之外，还有其他作用。研究者发现，胃里没有石块的幼小鳄鱼，潜水能力大大落后于吞吃了石块的鳄鱼。这说明石块既能帮助磨碎食物，还能起到"震仓"的作用，这些肚子里的石块，便于鳄鱼潜在水底，或者在水底行动，而且，还不容易被湍急的水流冲走，也有利于鳄鱼拖拽大型的猎物。

看似凶恶其实胆小

鳄鱼看似凶恶，其实胆子很小，有的小鳄鱼甚至会因受惊而生病，如中国扬子鳄，一旦有人走近，它立即钻洞躲藏。鳄鱼很少主动袭击人类，相反，经过训练，它还可以与人合作表演。任人抚摸、亲吻、骑乘，甚至张大嘴巴让人把头伸进去。

| 小动物的大智慧

海象：长牙就是秘密武器

我们皮糙肉厚，多褶皱，眼睛很小，脸上长满胡子，又爱趴在浮冰上睡懒觉，整个外表看起来就像上了年纪的"酒色之徒"。然而，我敢打赌，令你最难忘怀的绝不会是我这副丑模样，而是我那长长的大犬牙。这也是我们被统称为海象的原因。我们的这对大长牙用途广泛，最主要的用途就是在海底辛勤地犁地，寻找贝壳。

■ 长牙是雪杖和铁锹

在自然界，长牙可以作为动物的攻防武器来使用。海象就用长牙抵御北极熊的进攻。另外，长牙可以当雪杖来辅助海象在冰雪中行动。有时候，海象还把长牙当钩子用，把自己从水中拖到冰面上。有时候，海象又把长牙当做锚来使用，当它漂浮在水中时，用长牙抓住冰面。海象的长牙也是在冰下凿孔，以便自己能呼吸的好工具。当幼崽卡在冰面裂缝中时，它还可以用长牙营救幼崽。

长牙更重要的用途是在海底挖掘以获得食物。海象是用肺呼吸的哺乳动物，它在潜入大海挖掘海底之前，必须先在水面上舒展呼吸，等肺里吸足了新鲜空气后，再垂直地潜入海底，紧接着便开始翻地。海象挖土很

▲ 海象的长牙是自上颚长出的犬齿，如象牙般，一生都长个不停。

▲ 海象身躯硕大（雄性可重2~3吨），一天到晚在冰上或海岸上睡懒觉，看来似乎很笨重，但在水中却能敏捷地活动。

有特色，它将整个长牙插进土里后，或是在原地有力地运动脖子，像是在用铁锹铲地，或是用力向前推进，像是老牛耕地。当海象用长牙翻开土层时，周围便泛起一团团泥沙，蛤蜊等从泥土中被掘了出来，海象再用前鳍将食物收集在一起，其中还夹带大量泥沙，然后它携带着浮上海面，用鳍来回揉搓，将介壳搓得粉碎。而后，海象松开双鳍，残碎的介壳就和肉分离出来，向海底沉去。而清除了介壳的肉下沉很慢，海象很娴熟地将它吞进肚子里。

■ 爱挤在一起睡懒觉

海象的长牙方便它们攀爬冰块，爬上冰块的海象又会做什么呢？通常，它们要晒太阳睡懒觉。海象喜欢群居，成百上千头拥在一起，也不嫌挤。夏季一来，它们就成群结队游到大陆和岛屿上，或者爬到冰山上晒太阳，晒着晒着就睡着了。海象一生中大多数时间是躺在冰上度过的。

海象也能在水里睡觉。平睡时，半个脊背露出水面像座浮动的小山丘，随波起伏。直睡时，它的头、肩露在外面，可以保持呼吸。海象为什么能在水面上睡觉呢？原来它的咽部有个气囊，当气囊内充满空气时，它就能像气球般悬浮在水中。

长期生存的经验使海象时刻保持警惕。当成百上千头海象睡觉时，总会有一只海象醒着巡逻放哨，如果遇到敌情，它会发出公牛般的叫声，把酣睡的同伴们叫醒，或用长牙撞醒身边的同胞并依次传递下去。有时它们还会在水中安排警卫员放哨。

如果放哨的海象疲倦了，就推醒旁边的同伴换岗。这样，一只推醒一只地轮流放哨，以保护集体安全。

独角鲸：长达3米的大牙

我们的大长角，其实是我们特化出来的大长牙。在中世纪的时候，少见多怪的欧洲人把我们的大长牙当作了宝贝，认为可以包治百病，结果在市场上炒得比黄金还贵十倍。在科学已经很发达的今天，我们大长牙的构造已经很清楚了，但生长大长牙的原因仍旧是个谜。

■ 独角是地位的象征

独角鲸，又叫一角鲸。所谓的角，其实是一颗突出口外的长牙，这也是独角鲸最显著的特征。有长牙的一般属于雄性独角鲸。但偶尔，雄性独角鲸会长两颗长牙，小部分的雌性独角鲸也有长牙。独角鲸的长牙，最粗的比得上街灯柱，长度可能超过一般成人身高。

独角鲸的长牙是世界上唯一的直线形长牙，其他动物的长牙都是弯曲

▼独角鲸的长牙是世界上唯一的直线形长牙。

神奇动物装

▶ 独角鲸主要捕食远洋鱼类（特别是鳕鱼）、鱿鱼、虾以及底栖生物等。

的。另外，它的牙齿还是唯一的螺旋形牙齿。左齿从下颚中长出来，螺旋向前并穿过嘴唇。独角鲸的巨齿可达2.7米或者更长，跟成年雄性4.6米的身长相比，简直令人难以想象。

观察发现，雄性独角鲸会以长牙互相较量，不论在水中或海面上，发出的声音就像两根木棒互击。年轻的雄鲸经常嬉戏打斗，但很少刺戳对方。最强的雄鲸，通常也是长牙最长、最粗者，可以与较多的雌鲸交配。这些现象说明独角鲸的社会地位与其长牙有关。

也有人认为，独角鲸相互触碰牙齿，并非是一种暴力表现，而可能是一种沟通方式。还有人认为独角鲸会用巨齿刺破冰层进行呼吸，或是刺穿猎物，但至今仍没有找到相关证据。

■ 靠独角感知海水

独角鲸的长牙到底有什么用，科学家们莫衷一是，逐渐衍生出很多理论。利用扫描电子显微镜，科学家从独角鲸的长牙中找到了牙管，牙管这种结构几乎所有牙齿里都有（包括我们人类）。牙管是细胞生长过程中的残留物，将数以百万的神经从牙齿中枢神经与牙齿外层全部连在一起。

人类口腔中的牙管对过冷的东西十分敏感，这些牙管通常会被牙釉包裹，只有不经意暴露出来时，我们才会感到不舒服和疼痛，比如说出现蛀牙。但独角鲸的牙管却穿透牙齿的最外层，直接暴露在外界，感受着北极的寒冷。想象一下，如果你的牙神经全都暴露在北极的冰冷水域中，那该是个什么感觉？

为什么独角鲸牙齿的敏感部分会在外侧呢？有科学家认为，独角鲸的长齿类似于感应器。分布在外面的敏感神经可以感应水压、水温和盐度。当浮在水面时，它的长牙还可以检测气压。既然长齿对独角鲸的生存如此重要，那为什么雌性却没有呢？人们还不得而知。

■ 关于"独角"的传奇

在中世纪的欧洲迷信盛行，独角

小动物的大智慧

> **牙釉**
>
> 牙釉是牙齿最外层的组织，白色半透明，钙化程度高，为哺乳动物体内最坚硬的组织，其硬度仅次于金刚石，主要起保护牙齿内部的作用。牙釉内部不具神经与血管，它的功用除了咬碎食物之外，也可以保护牙齿内部。

鲸的鲸牙被说成具有治病、防病和解毒的效用。

人们用独角鲸的牙镂成高脚酒杯、茶杯和碗。据传有毒的饮料接触到它，就会"泛起黑沫，而毒性尽去。"当时的皇帝和教皇都相信这个说法，把鲸牙视作至宝，使得它在市场上的价格始终长盛不衰。罗马帝国的查理五世曾送给法国拜罗伊特的玛尔莱弗两根独角，用来支付相当于今天100万美元的债务。丹麦国王弗里德利三世搜集的独角最多。他用这些独角制成的一个宝座，已成为欧洲的一个奇迹。长期以来，这个宝座一直供作丹麦国王加冕典礼之用。当詹姆士六世继承英国伊丽莎白女王王位时，他随身就携带着一个独角雕塑。后来，他还粗暴地取消了英国皇家军服上的威尔士赤龙，而以立着的独角鲸取代之。此鲸姿态凶悍，神气活现地炫耀着它那根独角。

最初，独角鲸的长牙还有一些竞争对手，例如用中欧出土的猛犸骨制成的兽角、经过人工矫直的海象牙、犀牛角等。但是到了中世纪，独角鲸牙战胜了所有的对手。

老鼠：长生牙

我们的名声在动物圈里已经坏透了。一场以我们的名字冠名的大瘟疫让人口的数量减少一大半。所以，在中世纪的时候，我们就是死亡的代名词。人们听到我们的名字就起反感，看到我们更是害怕得不得了。"老鼠过街，人人喊打"就是专门针对我们进行的心理攻坚战。大瘟疫被治服之后，你们一如既往地讨厌我们，大概是因为我们时不时地破坏农田作物，咬坏、偷吃你们的东西。可是，你们为什么不听听我们的苦衷呢？

■ 必须不断磨牙

老鼠之所以要磨牙，是因为它的门牙会不断生长，而且生长速度非常快。要是牙齿不能磨损，最后长到一定的长度，就会成为无用之物。老鼠的门牙每个月能长出3厘米，如果不磨损的话，最后会长70~100厘米。如果真成这样，牙齿会成为致命的累赘，老鼠会因无法进食而死。

为什么老鼠的门齿会不断生长呢？要回答这个问题，我们就要从生理上来看了。形成牙齿的重要物质是齿质，齿质是由齿质细胞分泌的。在每颗牙齿的中间，有一个空腔，叫牙髓腔，里面有牙髓。动物年幼时，牙髓腔的下腔是开放的，血管和神经可以通入，这样，牙髓腔中的齿质细胞就能够不断获得由血液送来的养料，进行正常的生理活动，分泌齿质，促进牙齿增长，最后突破牙床黏膜，伸到外面。

一般动物的牙齿长成后，牙髓腔下端就会封闭起来，导致血液的流动中断，齿质细胞断绝了养料供应，不能再分泌齿质，牙齿就停止了生长。

小动物的大智慧

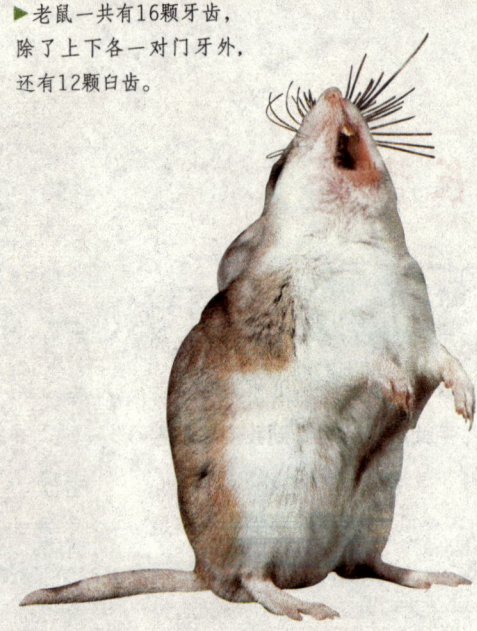

▶老鼠一共有16颗牙齿，除了上下各一对门牙外，还有12颗白齿。

■ 牙齿威力惊人

说来你可能不信，老鼠的牙齿为了磨成正常状态，每星期要咬齿18000~90000次以上。老鼠牙齿的工作量远远超过了其他动物，即便是用最坚韧的金属铸成最尖锐的牙齿，做这样大量的工作后也会被磨平。在老鼠的生活过程中，门齿一面在生长，一面又不断被磨掉，这样既抑制了门齿过分生长，又能把牙齿磨得非常锋利。

实验证明，鼠类的这种像凿子般的门齿，每平方厘米的咬切力达1550多千克。美国科学家还做过实验，想测定某些能咬穿电缆的黄鼠咬劲有多大，得出的结论是惊人的：硬度超过合金钢的物质才可以保证电缆不被鼠类咬坏。这是因为，老鼠牙齿是磷、钙、氟等物质结合组成的复合材料，异常坚硬，门齿的釉质硬度比铜还大，所以它可以毫不费力地把粗电缆咬断。

然而鼠类却与众不同，由于它们门齿的牙髓腔不会封闭，所以牙齿能终身不断地增长。我们可以形象地说，老鼠的牙齿像不断奶的孩子，因为一直有奶喝，所以可以不停地成长，但好像永远也长不大。

古人敬而远之

老鼠是一种啮齿动物，数量巨大，而且繁殖很快，生命力很强，几乎什么都吃，什么地方都能住。老鼠会打洞上树，会爬山涉水，而且糟蹋粮食，传播疾病，对人类危害极大。古时候，人们对鼠是相当畏惧的。鼠什么东西都咬，还会传播鼠疫。古人对自己畏惧的东西普遍采取了避而远之的态度。于是，古人在鼠之前冠以"老"字，以表示敬畏和不敢得罪。

探囊取物的犀利舌头

小动物的大智慧

射水鱼：我们都是"神枪手"

我们是鱼类界的"神枪手"，一点儿都不吹牛。只不过我们发射的不是子弹，而是水柱。突然高速射出的水柱会将附着在草叶上的昆虫击晕，落到水面上，这时我们就可以美美地饱餐一顿了。为什么我们会有这样的一项独门绝技？请看我们舌头的秘密。

■ 口中有"水枪"

射水鱼大多生活在印度洋到太平洋热带沿海以及江河之中。它们身体侧扁，嘴比较大，可以伸缩。下颌突出，眼睛也非常大，在头的前半部。它的整体颜色搭配非常美丽，身体呈橄榄绿色，有几条粗的黑色条纹横在背部，尾部淡黄色，是一种欣赏价值很高的鱼类。

射水鱼爱吃动物性饵料，尤其爱吃生活在水外的小昆虫。水面附近的树枝或草叶上的苍蝇、蚊虫、蜘蛛、蛾子等小昆虫，都是射水鱼的捕捉对象。射水鱼有非常独特的捕食本领，它常常贴近水面四处游动，当搜索到停歇在水面附近草叶上的猎物后，便调整好体位，瞄准目标，从口中喷射出一股水柱，将小昆虫击落到水中。这样的捕食方法在鱼类中是绝无仅有的，即使在整个动物界中，恐怕也是独一无二的了。而且在将近1米的距离内，命中率几乎是百分之百，故而有"水中神射手"的美称。射水鱼的喷水奥秘是什么呢？

射水鱼捕食的秘密武器就藏在它的嘴里，它用舌头抵住口腔顶部的一个特殊凹槽形成管道，就像玩具水枪的枪管一样。当鳃盖突然合上的时候，一股强劲的水柱就会沿着管道被推向前方，射程可达1米远。这时，舌尖起到了活阀的作用，使射水鱼朝着正确的方向喷射水柱。如果第一次没有成功，射水鱼还会一试再试，它们可以连续发射几道水柱，然后再补充"弹药"。

■ 眼睛精准定位

射水鱼能相对精确地射水，除了它口腔的构造特殊，能把大量储存的水迅速形成一串水珠喷出外，还和它的眼睛视力特殊有关。射水鱼的眼睛大而突出，可以灵活转动，视网膜又特别发达，一般鱼在空气中看东西是模糊不清的，因为没有水做眼球的润滑剂。而射水鱼既能在水中看又能露出水面看。科学家用高速摄影机拍下了射水鱼发射"水弹"动作的照片，发现太阳光进入水中经折射后，射水鱼在瞄准目标时，能对光线折射造成的位置变化，进行复杂的校正；而且使身体变成垂直姿势，使发射的"水弹"直线抛出，这样就可以克服光线折射时的偏差，确保射击百发百中。

射水鱼能够巧妙地修正水与空气之间的光线折射角度以及重力导致的水柱抛物线扭曲，而不会因为视差或者昆虫的位置而导致瞄准上出现的偏差。科学家还发现，射水鱼的这种能

▲ 射水鱼尤其爱吃生活在水外的小昆虫。

力是后天经过练习后得到的，射水鱼也因此成为科学家研究鱼类记忆与学习能力的主要题材。

虽然射水鱼捕食小昆虫的本领非常大，但它们的猎物仍有可能死里逃生，这时候射水鱼的另一项特殊本领就要派上用场了。这位生活在水下的"居民"并不介意暂时离开水面，它们可以跃出水面近30厘米抓住猎物。

小动物的大智慧

青蛙：弹力十足的舌头

童话世界里，英俊的王子被巫婆施了魔法变成了我们。寓言中，我们的形象被恶意贬损。在"坐井观天"中，我们成了无辜的被讽刺对象。不过，历史终究是公正的，一直默默在为人类守家保业的我们，最终还是得到了人们的首肯，赠予"农田卫士"的荣誉。想知道我们是怎么收拾害虫的吗？答案就在我们的舌头上。

■ 舌头快如子弹

青蛙属于两栖动物，生活在有水的地方，比如池塘、稻田、小河。它们已经能离开水生活，但是繁殖期仍然离不开水。青蛙的生命由卵开始。当卵孵出来的时候，蝌蚪游了出来。然后蝌蚪变成了小青蛙。民谚说：蛙满塘，谷满仓。青蛙是当之无愧的"农田卫士"。它们最喜欢吃昆虫，像蚱蜢、蚊子、苍蝇这些都爱吃。一只青蛙一天能吃70多只害虫。

青蛙用舌头捕食。它的舌头与众不同。一般动物的舌根都长在口的后端，伸向嘴边。而青蛙的舌头则生在口腔下颌的前端，伸向口腔里面。舌头又长又宽，前端分叉，表面布满黏液。青蛙的眼睛很特殊，看静止的东西很迟钝，看活动的东西却很敏锐。青蛙待在池塘边的水草里，常常一动不动，当昆虫飞进它们的眼帘时，便立即将舌头弹射出来，把昆虫粘住送进嘴里。青蛙舌头的弹射速度奇快，

▲蛙的种类很多，但不论哪一种，都主要以害虫为食。

整个捕食过程大约0.15秒，人的肉眼几乎看不到。如此快的速度从何而来呢？原来，是依靠了舌头肌肉的弹力作用。青蛙的舌肌有很多强硬的纤维组织，弹性很大，给了舌头子弹般的弹射速度。

■ 吞咽时眨眼睛

猎物被卷进嘴里只完成一步，接下来青蛙要吞咽猎物。青蛙在吞咽食物时会眨眼睛；而且吞咽的食物越大，眨眼的次数就越多，直到食物全吞下去为止。这是为什么呢？

青蛙没有牙齿，送进口里的食物，没有经过咀嚼，就要直接送进胃里。这可有困难。最好能有什么力量往胃里推一推。青蛙的眼眶底部无骨，眼球近似圆球，外面有上下眼睑，还有防水的瞬膜，眼球和口腔之间仅隔着一层薄膜。当眼肌收缩时，眼球能稍向口腔突起，产生一个压力，有利于食物下咽。于是便有了吞食时不断眨眼的现象。

青蛙用舌头对付猎物算是游刃有余，但对付天敌它的舌头可派不上用场。为了保护自己不被别的动物吃掉，它们懂得掩藏自己，或装出凶狠可怕的

▲ 青蛙的头上有两只圆而突出的眼睛，一张嘴巴又宽又大。

模样，甚至在皮肤里制造毒素，让敌人倒足胃口。它们的颜色多为草绿色，这样它们躲在水草里，就不容易被天敌发现。并非所有的青蛙都是单调的草绿色，还有黄色、橘色、金色、红色、白色，甚至有些青蛙全身布满了亮丽的花纹。这样的肤色是在警告其他动物：青蛙不好吃，说不定还有毒，动嘴前你最好掂量掂量。

小动物的大智慧

啄木鸟:"森林医生的手术刀"

鸟儿会飞没什么稀奇,但若要说鸟儿会爬树,你有些惊讶了吧?我们啄木鸟家族就是会"爬"树的鸟儿之一。每天我们都攀爬在树干上笃笃地敲击,别以为这是我们顽皮,其实,我们是在给大树动手术。作为一名外科医生,身边总得带两把手术刀吧,我们的手术刀就是我们尖利的喙和长满倒须钩的舌头。

■ 舌是一把手术刀

啄木鸟在树干上打洞钻孔,寻找蜗居在树干里的虫子吃。它们的嘴像木工用的凿子,不仅能凿开树皮,还能凿开坚硬的木质部分。啄木鸟挥动着嘴,不断啄击树干,很快便能打出一个洞,这就是它嘴的厉害之处。然而,如果想当称职而优秀的森林医生,仅有这一把手术刀是远远不够,啄木鸟的另一把手术刀是它的舌头。

啄木鸟的舌细长而柔软,能长长地伸出嘴外。它还有一对很长的舌角骨,围在头骨的外面,起到特殊的弹簧作用,舌骨角的曲张,可以使舌头伸缩自如。舌尖角质化,有胶性的液质和成排的倒须钩,非常适合它钩取树干上的虫子。每天清晨,啄木鸟就开始用嘴敲击树干,如果发现树干的某处有虫,就紧紧地攀在树上,头和嘴与树干几乎垂直,然后啄破树皮,将害虫用舌头钩出来,将虫卵也用黏液黏出。

当遇到小虫子躲藏在树干深部的通道中时,它还会巧施"击鼓驱虫"的妙计,用嘴在通道处敲击,发出使小虫子产生恐惧的击鼓声,小虫子在声波的刺激下,晕头转向,四处窜动,往往企图逃出洞口,而恰好被等在这里的啄木鸟擒食。如果巢穴通道弯曲或虫穴很深,啄木鸟的长舌头够不着,它就会使用一种声波骚扰战

神奇动物装

▲ 啄木鸟的足生四趾，两个向前，两个向后，趾尖有锐利的钩爪，能够牢牢地站立在垂直的树干上。

术。当它测到虫穴部位之后，用喙敲击树干，或上或下，或左或右，使树干孔隙发生共鸣，躲在里边的小虫子感到四面受敌，慌里慌张地四处逃窜，这就使啄木鸟有了搜捕机会。

■ 为何不会脑震荡

据科学家测定，啄木鸟在啄食时，头部摆动速度相当于每小时2092千米，比时速55千米的汽车快37倍。它啄木的频率达到每秒15~16次。由于啄食的速度快，因此啄木鸟在啄木时头部所受到的冲击力等于所受重力的1000倍，相当于太空人乘火箭起飞所受压力的250倍。啄木鸟啄木时所承受的冲力如此巨大，那它为什么不会患脑震荡呢？

原来，啄木鸟的头骨十分坚固，其大脑周围有一层绵状骨骼，内含液体，对外力能起缓冲和消震作用。它的脑壳周围还长满了具有减震作用的肌肉，能把喙尖和头部始终保持在一条直线上，使其在啄木时头部严格地进行直线运动。假如啄木鸟在啄木时头稍微一歪，这个旋转动作加上啄木的冲击力，就会把它的脑子震坏。由于啄木鸟的喙尖和头部始终保持在一条直线上，因此，尽管它每天啄木不止，也能承受得住强大的震动力。

人类仿照啄木鸟的"防震装置"制造出了防护帽。防护帽具有一个坚硬的外壳，里面为一个松软的套具，它们之间留有一定的空隙，帽中再加上一个防护领圈，防止在激烈碰撞时造成旋转运动。

眼睛上的安全带

啄木鸟大部分时间都不停地用尖嘴去啄木头。如果换作是人，大脑和眼睛必将严重受损，而啄木鸟却没有事。研究发现，啄木鸟有"安全带"系统，在它的喙啄中树干前1毫秒，眼睛内的透明瞬膜会及时闭上，将眼球包裹得紧紧的，以防止它们蹦出眼窝。

穿山甲：蚂蚁的"世仇"

我们性情孤僻，喜欢独居，要不是受荷尔蒙的作用，我们大概也不会与爱人共同生活一段时间来孕育小宝贝。平时我们热爱生活，当你看见我们干干净净的两套房子时，就知道我们是懂得享受的。我们最爱吃蚂蚁，对付蚁酸，我们也有绝招——舌头上分泌碱性黏液。很不可思议吧？

■ 爱舔食蚂蚁

穿山甲生活在丘陵或山麓的林区，除了脸部和腹部之外，全身披着500~600块硬角质厚甲片，不仅外观很像古代士兵的铠甲，而且硬度更是超过了铠甲，据说用小口径步枪都难以击穿，即使是牙齿锋利的野兽也奈何不了它的。

穿山甲主要吃蚂蚁，还吃蚂蚁的幼虫，以及蜜蜂、胡蜂和其他昆虫的幼虫等。穿山甲的食量很大，一只成年穿山甲的胃，最多可以容纳500克白蚁。据科学家观察，在250亩（1亩=0.0667公顷）林地中，只要有一只成年穿山甲，白蚁就不会对森林造成危害，可见穿山甲在保护森林、堤坝，维护生态平衡、人类健康等方面都有很大的作用。

穿山甲的头为圆锥状，上面长着一对小眼睛，一对瓣状而下垂的小耳朵和一个像笔管一样尖尖的、张不大的嘴巴，其舌头的长度可达20多厘米，超过身体长度的一半，能伸出来的部分也有10余厘米，形状为前扁后圆，柔软并能灵活地伸缩，非常适合舔食蚂蚁，在它的舌头上还分泌pH值为9~10的碱性黏液，可以中和食物中的蚁酸和适应栖息地的酸性土壤。

■ 诱杀的真相

南朝有个叫陶弘景的，他写了本

神奇动物装

▲ 穿山甲的盔甲非常结实，只要一碰到危险，它就会把自己蜷缩成一团。等危险解除之后，它马上恢复原状溜之大吉。

《本草经集注》，书中记载，穿山甲是种食蚁动物，既能在陆地上生活，又能在水中生活。每天中午上岸后，穿山甲便张开浑身的厚甲，像死了一样躺在地上，引诱蚂蚁钻入甲片，等蚂蚁大军上钩了，它立即闭合甲片进入水里，再在水中打开甲片，等蚂蚁都浮出水面，穿山甲便将它们舔食了。

穿山甲果真是这样的吗？约在一千年后，到了明朝时出现了一个医学家，叫李时珍，他发出这样的疑问。为了解开疑惑，亲眼见到真相，李时珍跟随猎人进入深山老林，捕猎并解剖了一只穿山甲，他发现，穿山甲的胃里确实装满了蚂蚁。但是李时珍发现穿山甲并不是用甲片引诱蚂蚁的。在李时珍的记载里这样写道：穿山甲常常将长舌头吐出体外，引诱蚂蚁前来并将其吃掉。

到底哪个是真相呢？其实，更多的时候，穿山甲捕食并不是"守株待兔"、"放线钓鱼"，而是直接出击。穿山甲的舌头细长，带有黏性唾液。觅食时，它用灵敏的嗅觉寻找蚁穴，再用强壮的前爪挖开蚁穴，将嘴伸进洞里，用舌头舔食蚂蚁。

洞穴讲究多

穿山甲居住在洞穴里，它们对洞穴很有讲究，常常随着季节和食物的变化而不同，一般有两种主要形式：一种是夏天住的，叫做夏洞，建在通风凉爽、地势较高的山坡上，以免灌进雨水，洞内隧道较短，大约为30厘米，里面结构比较简单；另一种是冬天住的，叫做冬洞，筑于背风向阳，地势较低的地方，距地面垂直高度有4米多，每隔一段距离还有一道用土堆起的土墙，长度可达10余米。特别值得一提的是，穿山甲的洞途径二三个白蚁的巢，成为其冬季的"粮仓"。洞的尽头有一个较为宽敞的凹穴，里面铺垫着细软的杂草，用以保暖，是其越冬期的"卧室"，也用作"育婴室"。

| 小动物的大智慧

长颈鹿：舌头如"钩子"

> 我们的老家在非洲，西方人恺撒第一次把我们带到罗马，当时把罗马人都给惊呆了。由于我们体型高大像骆驼，花纹斑驳像豹子，人们就给我们起名叫"骆驼豹"。但在明朝时期的中国，我们却被误认为是麒麟。那时郑和下西洋来到了东非，又把我们千里迢迢地带回北京。

■ 不怕尖刺

其实，长颈鹿不是骆驼和豹子的后代，更不是中国人传说中的麒麟。它只是安静如修女似的一种食草动物。

长颈鹿生活在非洲撒哈拉沙漠的南部，长有散生树木和灌木丛的开阔草原上，它们经常待在远离茂密树林的地方。这并不代表它们不喜欢树林里的枝叶，而是因为遇到危险的时候，树木太多会降低它们逃离速度。长期的生存考验，已经使它们知道，哪些树是可以吃的，哪些树是不该去吃的。

长颈鹿不会低下头来与牛羊争食牧草，而是用上唇和长舌头从树身高处摘取树叶。它们每天要吃约45千克的树叶。长颈鹿的舌头长达40厘米，能灵巧地避开植物外围密密的长刺，卷食隐藏在里层的树叶，能与食蚁兽的舌头相媲美。长颈鹿的舌头

▲一只长颈鹿正在用舌头取食。

神奇动物装

▲ 非洲草原是长颈鹿的重要生活场所。

既是"钩子"又是"搅拌机",高枝上的叶子它用舌头轻轻一钩,便可轻易地送到嘴里。

长颈鹿最喜爱的食物之一是合欢树的叶子。合欢树有非常尖的刺,但是这些刺不会在长颈鹿吃食物的时候伤到它,因为长颈鹿的嘴唇很厚,并且覆盖着绒毛,能起到很好的保护作用。而且,它的舌头有角质外层,还有黏液防护。长颈鹿通常一整天都在断断续续地吃东西。它们在咽下食物之前很少咀嚼食物。接下来,它们会像牛、羊一样把反刍的食物返回嘴里并且再次咀嚼,这样一来就使食物很容易消化了。

■ 长颈鹿的进化起源

长颈鹿的祖先并不高,主要靠

时刻保持警惕

长颈鹿身上的花斑网纹是一种天然的保护色,一般情况下难以辨认。但即使如此,它也不会放松警惕,而是时刻观察周围的动静。它那双大眼睛是监视敌人的"瞭望哨"。同时,它的听觉也特别灵敏。耳朵还不停地转动着寻找声源,直到断定平安无事才继续吃食。长颈鹿遇到敌害攻击的时候,能以60千米的时速进行短距离奔跑。它的腿强有力,可以踢死它们主要的敌人狮子。

吃草为生。后来，自然条件发生了变化，地上的草变得稀少。如此一来，脖子较长的个体因为可以吃到高大树木上的树叶得以生存，而脖子短的个体则因为食物不足而面临死亡。就这样一代代的长期进化，便产生了脖子很长的长颈鹿。

根据化石记录，长颈鹿最早由中新世初期的鹿科动物分化而来，后来演化出古麟，这是中新世早期长有短角、短脖子的长颈鹿祖先。到中新世晚期古麟进化为萨摩。在上新世时期，萨摩兽分化为两支，一支是霍加狓，另一支是最早的现代长颈鹿。霍加狓是长颈鹿科仅存的两种动物之一，其相貌基本上反映了中新世长颈鹿类动物的样子，目前非常稀有。

在长颈鹿的进化史上还有一个旁支，叫西瓦兽。它们是一类体态朝笨重化方向发展的长颈鹿。头上有1对扁平的大角，眼眶上还有2只圆锥状的小角，脖子短，身材壮，蹄子大，看上

中新世

中新世为地质年代新近纪的第一个时期，开始于2300万年前到533万年前。中新世是由查理斯·莱尔所命名的。在英语中的意思是"距离现在还早"。

中新世的动植物已经相当程度地现代化了。哺乳动物和鸟类的地位已经确立了下来，鲸、海豹和海藻也开始扩张到其他地区。中新世是喜马拉雅山脉隆起的主要时期，这导致了亚洲季风模式的改变，同时也影响了北半球的冰川作用。

去更像是样子奇怪的驼鹿或大羚羊。它们大约在1.1万年前就灭绝了。但在几千年前的苏美尔人的文化遗址中出土过样子酷似西瓦兽的小铜像。这或许在暗示，人类进入文明时代的时候，古老的西瓦兽可能仍生存在中东的某些地方。

出神入化的**手脚功夫**

小动物的大智慧

海星：外表温柔是假象

你们讽刺人会说"不长脑子"。然而，对于我们来说，这不是讽刺，而是事实。我们就是一群天生的无脑怪物。不长脑子并不代表我们没有猎食的智慧。我们可以运动多只手臂将猎物团团包住，直到猎物窒息而死；我们还能借助强有力的脚，强行撬开猎物的家门，再从口中掏出自己的胃，直接在猎物家里悠然自得地进食。没错，我们是外表温柔的暴力猎食者——海星。

■ 触手会重生术

海星是一种住在海底的海洋生物。典型的海星像个五角星或像个车轮，一般长着5条或更多条从中央的圆形体盘向四周辐射伸展逐渐变细的触手。海星没有头，也没有大脑，但有嘴巴，嘴巴长在中央体盘的底部。细细的凹槽从嘴里一直延伸到每一条触手的末端，上面连接着管状脚。

大多数海星都有5条触手，但有的多达40条触手。为什么海星有这么多的触手呢？因为四面都有触手，海星就能几乎在任何方向都可以对环境做出反应，这有助于保证海星的行动和安全。

海星经常处于丢失触手的危险中，有时候掠食者会咬掉海星的触手，有时候暗礁倒塌会压着它们。所以能否长出新的触手对它们来说很重要。海星拥有神奇的自我修复能力，这使它仿佛拥有分身术或重生术。若

▲ 一只海星正在移动触手，准备捕获女王海扇蛤。

把海星撕成几块抛入海中,每一碎块都会很快重新长出失去的部分,从而长成几个完整的新海星。也就是说,海星的触手受损后,都能够自然再生。科学家发现,当海星受伤时,后备细胞就被激活了,这些细胞中包含身体所失部分的全部基因,并和其他组织合作,重新生出失去的部分。

> **基因**
>
> 基因是指携带有遗传信息的DNA序列,是控制性状的基本遗传单位。一般来说,每个细胞都含有相同的基因,但并不是每个细胞中的每个基因所携带的遗传信息都会被表达出来。不同功能的细胞,能将遗传信息表达出来的基因也不同。

■ 管状脚像吸盘

虽然海星能在水里闻到食物,但是海星没有鼻子,它们是用皮肤"闻"到食物的。海星的皮肤上生有一些能够从水中探测到食物的感光细胞。一些海星也能用它们的管状脚"闻"到食物。一旦海星探测到食物,它就开始朝着猎物慢慢移动。

海星有好几百只管状脚。海星用它的管状脚行走、依附礁石和抓取食物。那么海星是怎样通过它的这些管状脚实现行走、依附礁石和抓取食物的呢?

▲饼干海星恰如其名,其颜色十分多样,从橙色、紫色到鲜明的黄色,图案也变化多端。

海水通过它身体上面的一个小洞进入海星,然后海水流入管道系统并进入管状脚,海水促使管状脚延长和展开,由此实现了行走。一旦管状脚对硬表面加压,它就收缩,由此实现了依附礁石。海星能从脚上释放出一种像胶水一样的物质,当食物靠近海星的时候,它就伸出脚释放胶水抓取食物。

海星主要以贝类等无脊椎动物为食,尤其是蛤和牡蛎。有些海星会以令人惊讶的方式进食。海星用触手抓住贝类,用管状脚去吸附并撬开贝壳,或者用身体将贝类整个包住,使猎物因窒息而死。一旦打开了贝壳,海星就从嘴里伸出它的胃膜,把胃膜插到打开的贝壳里,分泌出消化液来消化猎物的软体。这种外部消化的功能使它可以吃比它嘴大很多的动物。

招潮蟹：天生一副怪模样

我们家族的男男女女都眼眶子高着呢。你瞧，我们的眼睛像一对火柴棒似的高高举在头顶上。哎，我们不是故意"目中无人"的，是生来就是这幅怪模样。更怪的是我们的耳朵竟然长在"腿"上。你听说过这种蹊跷事吗？既然是"蟹"类一族，免不了要说说我们的"大钳子"。我们的大钳子花哨的地方在于它能够替换、重生。

■ 大螯的诱惑

招潮蟹是红树林沼泽中最具代表性的螃蟹。它们的个头很小，长度只有五六厘米，和其他螃蟹相差甚远。每当潮水退落的时候，它们便爬出洞穴，在露出水面的海滩上来回奔跑觅食。每当潮水滚滚上涨，快要淹没洞穴的时候，它们又在洞口高举着那只大螯，好像在招手示意，欢迎潮水的到来，然后扛起洞盖，在潮水漫到时，躲进洞穴，盖住洞口。所以人们称它为招潮蟹。

招潮蟹有一对像钳子一样的足，用来掘洞、防御和进攻，叫作螯足；而其余的四对足都是用来步行或划水的，叫作步足。雄性招潮蟹两螯大小悬殊，大螯巨大，甚至比身体还大，但重量几乎只有身体重量的一半，看起来像是拎着一把小提琴，所以，在

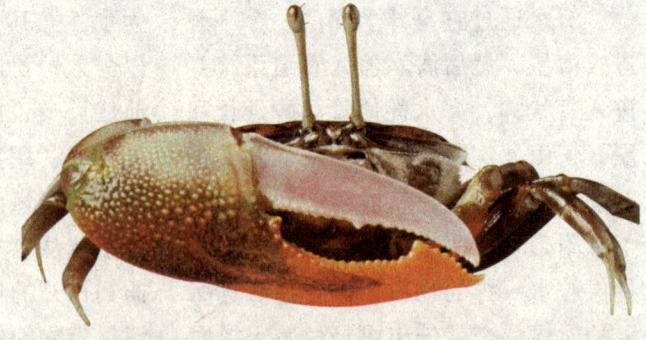

▲招潮蟹的体色会随着昼夜变化而变化，白天深些，晚上浅些。有趣的是，即使招潮蟹被困在完全黑暗的地方，其身体也会依时变色。

神奇动物装

▲ 招潮蟹的活动随潮水的涨落有一定的规律，涨潮时则停于洞底，退潮后则到海滩上活动、取食、修补洞穴。

有些国家也称它为琴师蟹。

雄蟹的大螯，无外乎两个作用。作用之一是用来恐吓入侵者，同其他雄蟹战斗。如果另一只雄蟹闯入它的领地，它们就会进行打斗。每只蟹都试图用大螯把对手打翻在地。作用之二是用来吸引异性。所以它不仅大，还颜色鲜艳，有独特的图案。雄蟹摇晃着大螯，发出求偶信号，雌蟹看到后，会作出反应，自动前去。雄蟹看到雌蟹接受了信号，就更起劲地摆动大螯，像和着音乐舞蹈一般。最后雌蟹禁不住大螯的诱惑，就乖乖地跟着雄蟹回洞去了。

如果雄蟹失去大螯，原处会长出一个小螯，原来的小螯会长成大螯，以代替失去的大螯。

与雄蟹一大一小的两螯相比，雌蟹的两螯小而对称，均为取食螯。泥地上的有机物碎屑是它的食物。招潮蟹进食的时候，主要依靠小螯，它的口器里有一个特殊的过滤装置，能够从淤泥中淘出有机质碎屑，同时将不可食的部分吐出。由于小螯是进食的工具，所以只有一只小螯的雄蟹进食时不如雌蟹方便利落。

■ 耳朵在腿上

招潮蟹的大螯除了经常性地端着，有时还会摩擦或敲打地面。这样的举动是为何呢？原来，招潮蟹是在向同类发出信号，召唤并宣告各自的"领土"要求。它发出的声音，其他同类是怎样听到的呢？大家知道，耳朵是高等动物接收声音的器官。我们的耳朵长在头上，而招潮蟹的"耳

带盖的洞穴

招潮蟹平时在洞穴中生活，一般洞底需抵达潮湿的泥土处。招潮蟹的洞很奇特，每个洞口的上方都有一段5厘米左右高的泥柱，远远望过去，就像沙滩上布满了一个个的螺丝，也仿佛是一个个的小烟囱。这是招潮蟹制造的洞盖。在潮水到来之际，招潮蟹迅速钻进洞里并用一团淤泥塞好洞口，使潮水无法进入洞穴，洞内仍有一些空气可供呼吸；退潮后，招潮蟹从洞穴里出来，悠然自得地在阳光下散步、取食。

朵"却长在"大腿"上。

招潮蟹的听觉器官长在步足的长节里。它们步足长节上的角质层相当于人耳朵的鼓膜，声音的振动可引起长节上角质层的振动，并由此传给听觉器官。它的"耳朵"很灵敏，不但能听到地表传来的声音，而且能听到空气中传播的声音。

招潮蟹步足中的听觉器官对物体的振动很敏感，而且大多数招潮蟹对低于100赫兹的声音最敏感。不过，不同种类的招潮蟹对不同频率声音的敏感程度是不同的。这样使得在同一地区生活的招潮蟹在辨别同类发出的声音时，不致认错。招潮蟹发出的声音虽然很小，但相距75厘米仍然能够相互"通话"。沙蟹发出的声音要比招潮蟹大得多，"通话"的距离可达10米。因此，同一个海滩上，不同种的蟹聚居在一起，在沙滩上到处横行，表面上看来似乎忙乱无序，其实它们区别得很清楚，很少会进入另一个住区。

弹涂鱼：会"走路"的鱼

我们家族的成员有本事啊，在鱼类中，我们是唯一会用鳍走路，并在岸上生活的家伙；在两栖类中，我们又是会在岸上挖洞生活的真正鱼类。所以，科学家说，想要证明两栖动物是由鱼类演变而来的，就去看看弹涂鱼吧。

■ 用鳍走路

弹涂鱼，又名泥猴、跳跳鱼，是水陆两栖动物，但却属于鱼类。它们生活在热带、亚热带海岸边的红树林中。涨潮时红树林被水淹没，落潮后红树林成为沼泽。弹涂鱼生活在这里，却不只待在水中或泥中，有时会趴在红树树干上或石头上。

我们知道，一般上了岸的鱼只会乱蹦乱跳。那么离开了水的弹涂鱼为何能够"行动自如"呢？原来弹涂鱼的鱼鳍发生了变化。它用坚强有力的腹鳍支撑着身体，胸鳍肌肉则把身体向前拉，这样弹涂鱼就可以在陆地移动了。它们的腹鳍和胸鳍的肌肉变得特别发达，以至于猛地一跃，就可以在陆地上蹦出一段距离。它们可以轻松地从远处向猎物扑去，跳过身长3倍的距离和超过身体2倍的高度。

弹涂鱼在陆地上行动时，还是要依赖水来获得维持生命的氧气。在

▲ 弹涂鱼全身灰褐色似泥泽色调，并布满深色的斑纹，特大的胸鳍肉质化，适于泥泽的爬行，身体修长，尾部扁平。

小动物的大智慧

离开水远行时，弹涂鱼会在嘴里含上一口水，以此来延长它在陆地上停留的时间。嘴里的这口水可以帮助它呼吸，就像潜水员身上背的氧气罐。可是这口水的含氧量是有限的，并且当它张开嘴进食的时候，口中的水马上会流出来，它必须立即补充水，否则就会窒息。这时弹涂鱼有两个选择，一是返回水里，一是钻进自己的泥洞里。它的洞一直挖到水线以下，因此里面充满了水。

■ 跳舞求偶

泥洞里的水常常严重缺氧。尤其是在涨潮后。为了弥补这一不足，弹涂鱼事先会储存氧气，以度过涨潮期。雌鱼和雄鱼会不断地轮流吞食空气，将其注入它们的洞中，以便建造一个地下空气包，这有点像农夫用水车向水槽里灌水。含着空气的弹涂鱼必须奋力划水才能克服浮力作用。进入洞中，它会漂浮在洞顶部，直到空气被完全放出，然后回到地表再收集空气。

泥洞当然不只是提供氧气。弹涂鱼可以潜伏在洞里，伺机对洞外的猎物发动突然袭击。当遇到食肉动物的威胁时，它们可以迅速缩回去。落潮后，弹涂鱼常常面临着被水鸟和各种陆生哺乳动物捕食的危险，好在洞穴为它们提供了安全。涨潮后，弹涂鱼可躲到洞穴内，躲避各种食肉鱼类的攻击。除了用做避难所外，弹涂鱼的洞穴还能用做抚育室。

每到春季，雄鱼就会寻找合适的地盘，然后在泥地里挖一个0.6米深的洞。挖好洞后，雄鱼开始四处寻找配偶。退潮后，雄鱼开始在雌鱼面前跳求偶舞。雄鱼为了引诱雌鱼，往嘴和鳃腔里充气，使头部膨胀起来，同时还把背弯成拱形，竖起尾鳍，不断扭动身体。如果另一条雄鱼来到跟前，它会更加卖力地表演，以免它的"意中人"被别人抢去。然后它钻入洞中，很快再钻出来，以此引诱雌鱼也进去瞧瞧。如果雌鱼还是犹豫不决，它会不断地进进出出，直到雌鱼进洞为止。雌鱼一旦进入它的巢穴，雄鱼就会以极快的速度回到洞口，用一块泥巴堵住"洞口"。

▼弹涂鱼的眼睛下面有一个由皮肤折层形成的充满水的杯状窝，当弹涂鱼的眼睛由于长时间暴露在空气中而变得干燥时，它会将眼球收缩进这个杯状窝中，给眼睛添加水分。

树蛙：青蛙照样会爬树

我们家族的成员确实有些叛逆，有事没事就喜欢爬树。青蛙能爬树？对，你没有听错，我们就是这样的特立独行。我们能有这种功夫，得感谢我们吸盘一样的大脚趾。

■ "会照镜子的青蛙"

树蛙，是一种以树林为家的蛙类，大多数生活在树上，还有些生活在陆地上。树蛙的脚趾根部有衬垫。这些衬垫很粗糙，并覆盖着一层黏性的分泌物，类似于吸盘，有助于爬树。大多树蛙具有网状的脚趾，一些树蛙具有爪状的脚趾。

树蛙生活的树下一般有水，因此有人叫它"会照镜子的青蛙"。大多数树蛙在水中产卵。有的将卵产在水上方的树叶上，蝌蚪孵化出来后，就会从树叶上落入水中。某些种类的树蛙孵出的蝌蚪由雄性树蛙从树上背负到水中。还有些种类的雌性树蛙将卵带在背上的育儿袋中，孵化出的蝌蚪直到变为青蛙才离开育儿袋。

树蛙属于夜行性动物，所以它们在白天的时候，多半是把身体平贴着叶片或地面，闭着眼睛，好好地睡觉。许多树蛙可以改变身体的颜色，通常与周围环境的颜色相匹配。在树

▲一些东南亚树蛙，例如图中这种马来西亚飞蛙，其指、趾间有发达的蹼，可以用其在空中滑翔。

| 小动物的大智慧

枝上时，树蛙的皮肤是青绿色的；在水泥地上时，树蛙的皮肤会变成淡绿色；在土地上时，树蛙的皮肤又变成了黄色。总之，树蛙的肤色变化很快，就像变色龙一样。

■ 脚趾和强力黏合剂

树蛙能够依靠脚趾将身体粘紧并倒挂在树枝上。树蛙仅一只脚的黏合力就高达其体重的50～100倍，而且可以在任何时候迅速解除黏力。此外，跟绝大部分的人造黏合剂不同的是，这种黏合性不会受灰尘或其他微粒的影响。

科学家由树蛙脚趾可以分泌黏液的腺组织获得灵感，研制出一种拥有类似结构的黏性超强的黏合剂，其强度是普通黏合剂的30倍，而且每次从物体上撕落时都非常干净，不会留下任何痕迹。

普通的胶带在从物体表面撕落时会出现微小的裂缝，从而失去黏性。而这种胶带一旦出现裂缝即可自行再生出黏液，使得物体和胶带之间重新紧密黏合。因为这种黏液由富有弹性的材料制成，所以胶带使用之后可以

▲ 树蛙多栖息在潮湿的阔叶林区及其边缘地带。

恢复到使用前的状态再重复使用。

这样一来，胶带不仅可以解决标签撕不干净且被粘贴物刮花的恼人问题，还可以被用作可反复使用的超强黏合性涂层，比如用在需要实现最大限度抓握力的手套上。这种神奇的胶带还可以被轻而易举地揭落而不会留下任何残留物，并且可以反复使用。科学家们相信，这种新型黏合剂的用途将会非常广泛。

蛇怪蜥蜴：会中国功夫的动物

有轻功不是传说中的，我们就会，而且是最牛的一种轻功——水上漂。我们没有吹牛，这是真的。不信，你们可以看看科学家们做的那个实验。

■ 在水上疾走如飞

蛇怪蜥蜴生活在热带雨林的河流边，主要吃小昆虫。每天它们都要晒太阳保持体温，这就使得它们非常容易被捕食，比如，大型飞鸟会从空中发动攻击，肉食动物会从陆地发动袭击。因此，蛇怪蜥蜴练就了一种特殊的逃生本领。当遭遇危险时，蛇怪蜥蜴会跳进水中，从水面上逃走。

蛇怪蜥蜴小的体重不到2克，大的体重超过200克，但无论大小，它们都具有只用后肢在水上飞跑的能力，速度可以达到每秒钟1.5米，能在水面持续跑4.5米左右，然后前肢沉入水中，变成游泳姿势。蛇怪蜥蜴可以在水面上"疾走如飞"。无论是平静的湖面，还是流动的小溪，它们都如履平地。

我们知道，某些种类的蜘蛛和昆虫是可以在水面上跑的，但这些动物一般都很小，也就是说，水面的张力和浮力足以将它们托起，它们在水面上跑不算难事。可是蛇怪蜥蜴的个头就大多了，它为什么也能在水面上疾走如飞呢？

有这样一种说法：蛇怪蜥蜴有长长的身子和大大的脚，在它脚掌底部有类似于叶子一样的悬垂物，在陆地上行走时，这些悬垂物就收起来，可是，一旦遇到危险，它就跑进水里，这些悬垂物就张开，使脚掌与水面的接触面积大增。可是，这样的解释显然还不能成为有力的证据。

■ 如何做到"水上漂"

为了揭开蛇怪蜥蜴"水上漂"的

| 小动物的大智慧

▲一只正在水面奔驰的蛇怪蜥蜴。

秘密,科学家进行了多项实验。在一个实验中,他们在水池里放入一些可反光的玻璃微粒,然后将蛇怪蜥蜴放入池中,将它在水面跑的全过程用高速摄像机拍下来。由于水里有玻璃微粒,他们可以更清楚地观察蜥蜴在水上跑的动作。

录像显示,蛇怪蜥蜴在水上跑的每一步动作都可以分成三部分:拍击、扑打、还原。拍击水面时,脚主要是垂直运动;扑打时,脚主要向后运动;而在还原过程中,脚抬起,离开水面,回到下一步的开始动作。

科学家分析,蛇怪蜥蜴的脚向下拍击水面,迫使水下沉或从脚下流走,同时在脚的周围形成一个气泡,在气泡破碎前,蛇怪蜥蜴在气泡的推动中向前跑。这个动作产生了一个支撑力。这个支撑力足以在蜥蜴的脚掌向后扑打时,将蜥蜴的身体支撑在水面上。而腿向后扑打又产生了使它前进的动力。换言之,蛇怪蜥蜴有高超的水面行走技术,能产生一种类似于斜面支撑力的强大力量,使它保持在水面上。

科学家还表示,蛇怪蜥蜴水上疾速奔跑有点像我们骑自行车。如果你不蹬踏板,自行车就会慢慢停下来并倾斜倒下。蛇怪蜥蜴奔跑的速度很快,只有高速奔跑才能不掉入水中。如果速度稍慢的话,它的身体就不能保持正直,便会掉入水中,那么它就不得不游泳了。当蛇怪蜥蜴逃跑时,80%的情况下会游泳逃生,而不是在水面上快速奔跑。在生死攸关的时刻,蛇怪蜥蜴可丝毫含糊不得。

指猴："树木的医生"

在动物界大概没有哪种动物比我们命运更凄惨的啦，只因为我们长得有点怪，拥有长长的纤细手指就说我们是死亡的化身，这也未免太冤枉我们了。本来，我们应当跟啄木鸟一样享受人类的尊重和保护，结果，就因为你们人类那带有偏见的丰富想象力以及对热带雨林的破坏导致我们的种群数量锐减，如今，你们只能在动物园里见到我们的兄弟姐妹了。

■ 捉虫有妙法

指猴生活在非洲东南沿海的马达加斯加岛的热带雨林中。它们白天在树杈间一个用树叶和细枝搭建的大窝里睡觉，黄昏前后出外觅食。它们主要以坚果为食，也吃幼虫、水果、种子、蘑菇等等，属于杂食性动物。指猴最喜欢吃树皮下或枯树上的虫卵、幼虫、小甲虫，因此起到了啄木鸟的作用，是"树木的医生"。

指猴最显著的地方是，手指又细又长，尤其是，中指的长度能达到其他手指的三倍，细如铁丝，爪子特长，可以用来抠树皮中的昆虫。

指猴用手指猎取树缝中的小虫十分得心应手。它轻轻沿着树干行走，鼻尖紧贴着树皮。它会利用手指敲击树干，探察是否存在中空的部位，是否有小虫在其中移动。每次敲打之后，指猴都会用指甲轻轻地滑过树干的表面。科学家认为这是指猴在探测微小的振动。这种振动能使手指发生谐振现象，从而形象地表达出树干内部的状况。

指猴的耳朵较大，极为灵活，可以捕捉细小的声响，辅助手指处传来的微弱信号。树皮中的小虫听到敲击声，开始移动身体，这为指猴提供了更多的线索。一旦它们听出声音异常，那就意味着那里可能有一个藏有

小动物的大智慧

▲ 指猴是一种较为原始的灵长类动物，它的长相奇特，酷似一只小狐狸，尾巴蓬松且长，嘴尖，大耳竖立。

小虫的空穴。然后，它们就会用牙齿咬开树皮（指猴的牙齿也比较特殊，它是唯一没有犬齿的灵长类动物，而门齿则像啮齿类动物一样终生都在生长。指猴能够用它那有力的牙齿咬开像椰子果这样的坚壳），再用钩子般的中指将虫子抠出。

■ 女巫的手指

指猴是非常有益于森林生态平衡的动物，但马达加斯加岛的土著居民却认为它是不祥之物。指猴的叫声凄厉，就像哭声一样，在夜晚令人毛骨悚然。指猴体黑面灰，黄色的眼珠在夜色中发出神秘的幽光，行动时一跳一跳如同鬼怪。当地人认为如果指猴跳到自己的身上，便预兆死亡。因此，当地人见到指猴就杀，并将指猴的尸体钉在木桩上，希望这样能够把厄运赶走。

指猴长长的中指是造成其数量骤减的原因之一。由于指猴的手指特别长、特别细，松开时，给人的感觉就像童话故事里的女巫。更糟糕的是，中指是其他手指的3倍长，虽然是为了捕捉虫子，但看上去确实非常可怕。很多人认为，如果一只指猴用中指指着你，死神马上就会找到你。甚至有人认为，指猴会将自己藏在你家里，到了晚上用它那长长的中指刺穿你的心脏。这种迷信思想导致指猴被当地居民大量猎杀，数量锐减。

而且，指猴的胆子很大。它会高高兴兴地逛到一个村子，在周围悠闲地走动，然后大摇大摆地离开。在野外，它也乐意接近人类，在他们的脚周围嗅一嗅。很多马达加斯加岛人认为，指猴走进一个村庄，便预示着会有一个村民死掉。因此，他们只要一看到指猴就会追杀它。

此外，指猴每隔3年才能繁育一胎。这样，种群的数量就得不到及时的补充。由于人类的大量捕杀，其种群繁衍生育慢，再加上雨林栖息地遭到严重破坏，这些都使人们现在很难再看到野生指猴了。

长臂猿：臂"走"如飞

李白有一首诗："朝辞白帝彩云间，千里江陵一日还。两岸猿声啼不住，轻舟已过万重山。"诗里提到的这些爱唱歌的猿，就是我们长臂猿。我们不但歌声优美，而且唱歌时还特爱摆摆范儿：不让我们吊挂在树上，给我们形成一个吊钢丝的错觉，我们就算是勉强演唱，心里也老大不高兴。我们常年生活在树上，几乎不怎么下地，我们的这两条大长胳膊使得我们在树上臂行如飞，捉只飞鸟来开荤，也不是什么奇闻。

■ 臂行术高超

长臂猿生活在东南亚一带的热带雨林中，与猩猩、大猩猩、黑猩猩一起被称为四大类人猿，是仅次于人类的高级灵长类动物。它是猿类中体型最小的一种，也是行动最快捷灵活的一种。长臂猿虽然体形纤小，站立起来身高不足1米，但前肢特别长，两臂伸开时可达1.5米左右，站立起来，两手下垂几乎可以触到地面，因此而得名。

长臂猿是树栖的动物。两条灵活的长臂和钩形的长手，使它们穿林越树如履平地。行动的时候，能用单臂把自己的身子悬挂在树枝上，双腿蜷曲，来回摇摆，像荡秋千一样荡越前进，一次腾空移动的距离就有3米远，每次可以连续荡越8~9米。它们的动作灵活、自然、轻松、优美，使人感到惊心动魄。

有人测试过，长臂猿的臂行比啄木鸟的飞行还要快。长臂猿主要吃果实，也吃一些树叶、昆虫和小鸟。因此长臂猿有这样快的臂行术能够捉到飞鸟也就不足为奇了。

虽然长臂猿的"臂行术"，使它在树上十分自如，犹如飞鸟一般，但是它用脚走起路来却是十分困难。为

小动物的大智慧

▲长臂猿以家庭为单位生活，每个家庭包括雄性和雌性以及它们的后代。小长臂猿跟父母生活到5～6岁。之后，它们开始寻觅配偶以及属于自己的领土。

了不让两条长臂碍事，它双臂高举，像投降一样，摇摇摆摆地行走，显得十分滑稽可笑。长臂猿极少到地面上来活动，觅食、玩耍、休息、求偶、生殖、哺育幼仔等全部在树上进行。长期的树栖生活已经使它很不习惯用脚走路了。

■ "吊着的歌手"

除了会"臂行术"的"杂技演员"外，长臂猿的另一头衔是"歌唱家"。长臂猿很喜欢啼叫，往往是一只先来领唱，其他长臂猿很快便会加入合唱。猿群的啼叫声十分响亮，十几里地以外的地方都能听到。李白乘舟经过三峡时，听到峡谷中猿啼回荡不绝，便是遇到了长臂猿的家庭演唱会。长臂猿唱歌时，往往要用手臂吊在树上，因此被称为"吊着的歌手"。

长臂猿喜欢唱歌，不仅声音嘹亮，而且形式多样，有独唱、二重唱、大合唱。独唱一般是由雄性成年者来唱；二重唱则是雄雌搭配来唱；大合唱最有气势，全家人都吊在树上一起唱，每个成员都要参加，而且有着明确的分工：成年雄性者一般担任领唱，成年雌性者伴有颤音的共鸣，未成年者迎合，歌声由低到高，清晰而高亢，震动山谷。

长臂猿是典型的一夫一妻制动物。一群长臂猿，通常都是一个家庭，由父母和它们孩子组成，通常只有2～8只。它们一般将范围在20～100公顷的周边据为自己的领土。每个家庭都有一块领地。它们的鸣叫习性，既是群体内互相联系、表达情感的信号，也是对外显示存在、防止入侵的手段。遗憾的是，它们高昂悦耳的歌声也给自己带来了灭顶之灾，因为偷猎者正是根据歌声寻找到它们的住处。

功能奇强的 真假翅膀

蝴蝶："装腔作势"的翅

我们身体轻盈娇小，在自然界中属于弱者。为了保护自身的安全，我们也发展出了属于自己的秘密武器——色彩斑斓的翅。既然没有有效反击的武器，那么最好的办法就是利用我们翅上的"假眼睛"把敌人给唬得一愣一愣的。

■ 色彩斑斓作用大

是什么使蝴蝶的翅如此的色彩斑斓？蝴蝶的翅是由数千个细小扁平的鳞片组成的。每一个鳞片都有它自己独特的颜色。这些鳞片拼凑在一起，便组成一幅美丽又复杂的图案。飞蛾的翅同样是由鳞片组成的。其他种类的昆虫并没有像蝴蝶和飞蛾这样的鳞片。这就是为什么苍蝇、蜜蜂和其他昆虫的翅都是清晰透明的原因。

飞蛾和蝴蝶的翅颜色是由它们鳞片上的红色、黄色、黑色和白色的天然色素组成的。蓝色、绿色和随位置不同而变色的金属色是鳞片重叠的效果，就像用棱镜使光线散开一样。许多蝴蝶的翅上面色彩鲜艳，下面色彩单调。当这些蝴蝶飞落的时候，它们就显露出翅下面颜色单调的一面，和它们周围的环境混合在一起，从而逃避敌人的注意。

对于以昆虫为食的鸟类、青蛙、蜘蛛和其他动物来说，蝴蝶就是它们的美餐。蝴蝶翅上的绚丽颜色，是用

▲ 蝴蝶的翅由数千鳞片组成。

来警告捕食者它们有毒，使捕食者望而生畏。这个信号的传递，称为"警戒作用"。有些无毒的蝴蝶也伪装成有毒蝴蝶的样子，让捕食者敬而远之。翅膀上巨大的眼状斑纹，用来模仿瞪大的眼睛恐吓捕食者。除了吓唬捕食者之外，斑斓的翅上的艳丽图案，还能用来吸引异性。

翅上有控温系统

遨游太空的人造卫星，当受到阳光的强烈辐射时，卫星的温度会高达200℃；而在阴影区域，卫星温度会下降至零下200℃左右，这很容易烤坏或冻坏卫星上的精密仪器、仪表，这一度曾使航天科学家伤透了脑筋。后来，人们从蝴蝶身上受到了启迪。

蝴蝶身体表面的鳞片有调节体温的作用。每当气温上升、阳光直射时，鳞片会自动张开，以减小阳光的辐射角度，从而减少对阳光热能的吸收；当外界气温下降时，鳞片会自动闭合，紧贴体表，让阳光直射鳞片，从而把体温控制在正常范围之内。

经过研究，科学家为人造地球卫星设计了一种犹如蝴蝶鳞片般的控温系统。他们受蝴蝶身上的鳞片会随阳光的照射方向自动变换角度而调节体

▲南美无毒的粉蝶科蝴蝶模拟成有毒的蛱蝶科蝴蝶。

温的启发，将人造卫星的控温系统制成了叶片正反两面辐射、散热能力相差很大的百叶窗样式，在每扇窗的转动位置安装有对温度敏感的金属丝，随温度的变化可调节窗的开合，从而保持了人造卫星内部温度的恒定，解决了航天事业中的一大难题。

蜻蜓:"飞行之王"

> 我们是真正的飞行专家,人类现代飞机的制造都曾向我们的翅取经。此外,我们还有一个更高超的本事——即使只剩一只翅,我们仍然可以飞行。

■ 随心所欲的"飞行家"

蜻蜓是昆虫界的飞行专家,它的翅质薄而轻,重量只有0.005克,每秒却可振动30~50次;它的飞行速度可达40.23千米/时,冲刺飞行速度可高达40米/秒。蜻蜓飞行起来十分灵活,它既能够快速飞行,迅速变换方向和高度,又能在某一高度缓缓滑翔,或悬浮在半空中,甚至还能倒飞、侧飞、直上直下,可以说是随心所欲,即使最现代化的飞机也远远不及蜻蜓的飞行本领大。有些蜻蜓还能够长途飞行,飞越几千万千米。

蜻蜓不凡的飞行技能应归功于它那发达的翅肌和气囊,前者使翅能快速扇动,后者贮有空气,可以调节体温,增加浮力,因此它能自如地停留在空中。它那两对膜质的翅上布满了纵横交错的翅脉,使蜻蜓的翅既轻又结实。翅的前缘有角质加厚形成的翅痣,它是蜻蜓飞行的消振器,如果去掉它,蜻蜓飞起来就会像喝醉了酒一样摇摇摆摆,飘忽不定。

蜻蜓为肉食性昆虫,主要在空中

▲蜻蜓一般在池塘或河边飞行,幼虫在水中发育。成年雌性蜻蜓会用尾部碰触水面,将卵产在水中,称为"蜻蜓点水"。

眼睛最多的昆虫

蜻蜓是世界上眼睛最多的昆虫。蜻蜓的眼睛又大又鼓，占据着头部的绝大部分，而且每只眼睛又由数不清的"小眼"构成，这些"小眼"都与感光细胞和神经连着，可以辨别物体的形状和大小，它们的视力极好，而且还能向上、向下、向前、向后看而不必转头。此外，它们的复眼还能测速。当物体在复眼前移动时，每一个"小眼"依次产生出反应，经过加工就能确定出目标物体的运动速度。这使得它们成为昆虫界的捕虫高手。

捕食蚊虫、苍蝇、蝴蝶。蜻蜓在捕食的时候会用6只足猛抓住猎物，它们足上长有大量粗毛，可以抓紧猎物，令其无法逃脱。蜻蜓的脚在捕食时很有用处，但在步行时却不适合，所以蜻蜓除了在树枝上停泊时会用到脚之外，其他时候很少运用到足。即使是稍微的移动，它们也需要用翅来飞。而且即使只剩下一只翅，它们仍可以飞行。

■ 启发飞机消除颤振

颤振曾是空气动力学中的一个难题。飞机的机翼在高速飞行中会产生颤振现象，飞行越快，机翼的颤振越强烈，甚至会造成机翼折断，发生机毁人亡的空难悲剧。为了克服飞机在高速飞行时机翼产生的颤振问题，许多科学家和试验人员做过种种试验，花费了很多的精力和时间试图解决它，最终都以失败告终。

后来，研究人员在观察蜻蜓飞行时，从蜻蜓的翅上获得了灵感：蜻蜓之所以能够灵活自如地控制翅的颤振，是因为在它的半透明翅的前缘有一块加厚的色素斑，称为"翅痣"或"翼眼"，这就是蜻蜓在快速飞行和转弯时不受颤振困扰的原因，因为翅痣有着很好的消振功能。这是蜻蜓经过长期进化的结果，早在三亿年前，蜻蜓就获得了这种消振功能。如果将翅痣去掉，蜻蜓飞行时就变得荡来荡去。

实验证明蜻蜓翅痣的角组织使蜻蜓飞行时消除了颤振。于是，人们就依此类推，模仿蜻蜓，在飞机机翼末端的前缘装上了类似的加厚区，以便消除颤振。果然，颤振现象奇迹般地消失了。

蝠鲼："水下魔鬼"

身材扁平，就像只蝙蝠，还拖着一条细而长的尾巴，挥舞着"翅膀"遨游在大海中，我们就是蝠鲼家族的成员。这古怪的样子，一亿年来几乎没怎么变。可见我们对自己的相貌还是很满意的。我们生性温驯，但也喜爱搞些恶作剧吓唬你们人类，因此，你们送了一个败坏我们声誉的外号"水下魔鬼"。

■ 长相古怪像风筝

第一次见到蝠鲼的人总会因它的古怪长相而不知所措，而且很难将其与正统的鱼类联想到一起。它的样子仿佛是海洋中的一只大蝙蝠。其实，这种古怪的蝠鲼早在中生代侏罗纪时期便出现在海洋中了。从1亿多年前至今，它的体形几乎没有发生什么变化。

蝠鲼不像传统鱼类那样具有纺锤形的身体，它没有背鳍，其宽大的三角形胸鳍和圆盘一样的身体构成了巨型扁片状的躯体，宛若一只"海中风筝"。巨大的胸鳍在形态和功能上与鸟类的双翼相似，两片胸鳍间的距离称为"翼展"，即为体宽，长度大于体长。

蝠鲼有一张50厘米宽的大嘴，可它却是一种非常温和的动物。它主要以浮游生物和小鱼为食，经常在珊瑚礁附近巡游觅食。在它的头上长着两只肉足，这是它的头鳍，头鳍翻着向前突起，可以自由转动。蝠鲼缓慢地扇动着大翼在海中悠闲游动，用这对头鳍来驱赶食物，并把食物拨入口中吞食。由于它的肌力大，所以连最凶猛的鲨鱼也不敢袭击它。

蝠鲼是鳐鱼中最大的种类。虽然它没有攻击性，但在受到惊扰的时候，它的力量足以击毁一艘小船。它的个头和力气常使潜水员感到害怕，因为一旦它发起怒来，只需用它那强

神奇动物装

▲ 腾空跃出海面的蝠鲼。

有力的"双翼"一拍，就会拍断人的骨头，置人于死地。

■ 行为诡异如魔鬼

蝠鲼被称为"水下魔鬼"，主要是因为它长相吓人，行为十分诡异。

蝠鲼主要栖居在热带和亚热带的浅海区域，较少停留或栖息在海底，从离海岸较近的浅表水层到120米深的海水中都能看见它们的身影。蝠鲼平时性格安静而沉稳，喜欢独自在大海中畅游，过着四海为家的流浪生活。而且它们没有任何领地行为和攻击性，从不攻击其他海洋动物，两只蝠鲼相遇时也会若无其事。

它们性情活泼，常常搞些恶作剧。有时故意潜游到在海中航行的小船底部，用体翼敲打船底，发出"呼，啪啪"的响声，使船上的人惊恐不安；有时又跑到停泊在海中的小船旁，把肉角挂在小船的锚链上，把小铁锚拔起来，使人不知所措；又或是用头鳍把自己挂在小船的锚链上，拖着小船飞快地在海上跑来跑去，使渔民误以为是"魔鬼"在作怪。

蝠鲼成鱼的体长可达7米，体重有500千克，但却能作出一种旋转状的跳跃。随着旋转速度越来越快，蝠鲼迅速上升，跳出海面。蝠鲼一般能跳出水面1.5米。在繁殖季节，蝠鲼有时用双鳍拍击水面，跃起，在空中翻筋斗，在离水一人多高的上空"滑翔"，落水时，声响犹如炮响，波及数里。

蝠鲼为什么要跃出海面呢？科学家对此行为有种种猜测，直至今日仍众说纷纭。有人说这是雌雄蝠鲼在繁殖季节里的调情游戏；还有人认为这是一种驱赶、诱捕食物的方式；但多数人则相信这是一种甩掉身上寄生虫和死皮的自我清洁方式。

小动物的大智慧

飞鱼：没有翅膀，照样能"飞"

> 我们是鱼，却会飞。有点违背常理，但这就是我们的生存方式啊。另外，我们还有一个飞蛾一样的特性，喜欢追逐光明。因此就被狡猾的渔民给设了圈套，专等我们自投罗网。我们的好多兄弟姐妹有能力逃脱鲨鱼、剑鱼的追捕，到最后却自动跳上了你们的甲板，真是死得冤屈啊。

■ 飞行的秘密

在深蓝色的海面上，突然跃出了成群的"小飞机"，它们犹如群鸟一般掠过海面，景象十分壮观。有时候，它们在飞行时竟会落到轮船的甲板上面，让船员"坐收渔利"。这种像鸟儿一样会飞的鱼，就是闻名遐迩的飞鱼。因为它们会"飞"，所以人们都叫它们飞鱼。

飞鱼长相奇特，胸鳍特别发达，长度相当于体长的三分之二，看上去像鸟类的翅膀，并且一直向后延伸到尾部，整个身体像织布的长梭。它凭借流线型的优美体形，在海中以每秒10米的速度高速运动。它能够跃出水面十几米，在空中停留的最长时间是40多秒，飞行的最远距离有400多米。

那么，飞鱼真的会飞吗？其实，飞鱼的"飞行"只是滑翔而已。每当它准备离开水面时，必须在水中高速游泳，胸鳍紧贴身体两侧，像一只潜水艇一样稳稳上升。当它接近水面时，尾部用力拍水，整个身体好似离弦的箭一样向空中射出，飞腾出水面后，打开又长又亮的胸鳍与腹鳍快速向前滑翔。它的"翅膀"并不扇动，靠的是尾鳍的推动力在空中做短暂的"飞行"。飞鱼尾鳍的下半部分不仅很长，还很坚硬。所以说，尾鳍才是它"飞行"的"发动器"。如果将飞鱼的尾鳍剪去，再把它放回海里，因

神奇动物装

▲ 飞鱼的身体近于圆筒形，胸鳍发达，腹鳍也比较大，可以作为辅助滑翔用，尾鳍呈叉形，下叶要比上叶长。

中，形成了一种十分巧妙的逃避敌害的技能，就是跃水飞行，这样可以暂时离开危险的海域。飞鱼并不轻易跃出水面，只有遭到敌害攻击时，或受到轮船引擎震荡声的刺激时，才会施展这种本领。

有时候，飞鱼由于兴奋或生殖等原因也会跃出水面，有时候飞鱼则会无缘无故地起飞。当然，飞鱼这种特殊的自卫方法并不是绝对可靠的。在海上飞行的飞鱼尽管逃脱了海中之敌的袭击，但也常常成了海面上守株待兔的海鸟的口中食。运气不好的飞鱼，或者落到海岛，或者撞在礁石上而丧生。有时也会落到航行中的轮船甲板上，成为人们餐桌上的佳肴。这种情况往往发生在晚上，因为飞鱼具有趋光性，夜晚若在船甲板上挂一盏灯，成群的飞鱼就会寻光而来，自投罗网地落到甲板上面。

为没有像鸟类那样发达的胸肌，又被剪去了提供动力的尾鳍，飞鱼就再也不能腾空而起了。

■ 为何要飞行

飞鱼为什么要"飞行"呢？海洋生物学家认为，飞鱼的飞翔，大多是为了逃避大型鱼类的追捕，或是由于船只靠近受惊而飞。飞鱼是生活在海洋上层的中小型鱼类，是鲨鱼、鲜花鳅、金枪鱼、剑鱼等凶猛鱼类争相捕食的对象。飞鱼在长期的生存竞争

飞蛇：我要"飞"得更高

我们没有翅膀，却可以"飞"得更高。这与我们是自然界的"空气动力学专家"有关。我们懂得怎样运用自己的肢体来更有效地"飞"，其实准确地说是"滑翔"。这就使得我们能够尝到其他蛇类根本不可能尝到的美味，比如蝙蝠。

■ 其实是滑行

飞蛇分布在东南亚，生活在树上，可以滑翔于树枝之间，在树和陆地之间捕捉食物。它们虽以飞蛇为名，但实际上无法飞行，只能作跳跃和短距离滑行。这种蛇最喜欢用尾巴将自己挂在高高的树枝上晃荡，然后突然从10多米的高度飞下来直冲地面。对其他蛇类或者爬行动物而言，这样的行动无异于自杀，但飞蛇却能安然无恙。

科学家发现，飞蛇在"飞行"途中并不是傻乎乎地大头朝下直冲地面，而是采用一种颇为独特的姿势在树枝间滑行，在没有翅膀的情况下，它们最远能滑行出约24米。研究人员确认，飞蛇的飞行运用了空气动力学原理，因此能充分利用自身的形态变

▼飞蛇是树栖性蛇类，擅长攀爬树木，平日多于日间活动，主要捕食鼠类、鸟类及蜥蜴等。

神奇动物装

温和的有毒蛇

飞蛇是温和的有毒蛇类，很少超过3尺（90厘米）长。它们能分泌毒性较轻的毒液，这种毒液只会威胁到诸如蜥蜴、鸟和青蛙等小动物的安全，对人类很少会造成重大威胁，因此飞蛇被列为对人类无害的动物。

化，在外界气流的帮助下，穿梭于大大小小的树枝间。

在离开树枝后，飞蛇通过扩张肋骨，压缩身体的肌肉，把身体压得扁平，借此增加降落时的空气阻力，然后借助身体的左右起伏来获得"升力"。它们的滑行速度很快，可达到每秒8~10米。这种波浪形扭动产生的空气动力学效应比蛇自身重力要大得多，也就是说在滑行的某一瞬间，蛇身体上的合力其实是向上的。不过，蛇是不会向上飞的，因为这种向上的合力转瞬即逝。

■ 摇摆身体维持平衡

在"飞行"中，蛇头始终与气流保持25°仰角，而且半个身体形态不变，只有尾巴在上下摇动。这样，飞蛇就能在滑行期间保持相对平稳的状态，不会被重重地摔在地面上。研究发现，一些飞蛇在空中"飞行"时甚至还能掉头。在开始跳跃式冲上天空"飞行"不久后，飞蛇要偶尔下降加快速度来获取空中滑行的起始速度，并保证在空中继续滑行。

在开始下落时，它们的头部不停地左右摇摆，这使它们的身体在空中时弯曲成"S"形。飞蛇还能令其身体与地面保持平行。由于没有翅膀，飞蛇通过在空中的某种滑行方式来控制它们的飞行模式。通过将身体弯曲成"S"形，以保持在空中"飞行"的稳定性。这就如同走钢丝者左右摇摆，保持身体平衡一样。

飞蛇在"飞行"能力方面结合了鸟、昆虫、蝙蝠甚至蚂蚁的特点。"飞翔"时整个身体都要摆动或扭曲，其头部与尾巴之间都要发生变化。蛇是由身躯和尾巴组成的，它们的肋骨直达蛇尾。飞蛇摇动自己的肋骨，从空气动力学角度讲，这使得它们适于滑行。

小动物的大智慧

信天翁：海上的"流浪者"

我们的精神家园在海上，所以我们常年在海上漂泊流浪，甚至可以一边睡觉一边飞翔。如果有段时间，你在海岛上见到了我们栖居的身影，那是因为我们在生养小宝贝。在大风大浪中，我们是勇敢的飞行员，而到了陆地上，呵呵，我们看起来就有些笨手笨脚了。我们不像别的鸟儿那样能立即起飞，必须依靠一段时间的助跑才可以飞起。好麻烦啊，所以，通常我们在悬崖的边缘落脚，想要起飞时，直接滑下就省事多了。

■ 长期在海上漂泊

信天翁是极端恋海的鸟，可以在海上漂泊几个星期，甚至几个月。它们在海洋表面栖息，捕食大量的海洋生物，如乌贼、磷虾等。它们长期在海上漂泊，只有到了繁殖季节才回到海岛上。

所有的信天翁都是滑翔能手，它们能应付各种各样的气流变化，在大洋上空翱翔。信天翁在海洋面上踏浪起飞，当浪涛滚来之时，它们展开双翅，用脚蹼快速踏浪，利用浪涛带来的上升气流起飞。起飞后，它们平展双翅，顶风飞行，靠风的力量上升。通过低速空气层时，它们平展双翅，保持高度，进行水平滑翔，速度很低。在接近水面时，它们利用身体和水面间的气流垫，使身体像皮球一样弹起，再次升高。

凭借高超的滑翔本领，信天翁可以在空中滑翔很长的距离。它们随便在空中兜个圈子，就是2~3千米，在短短的一个小时内，可以横越113千米的海面。据记载，一只信天翁可以在12天内飞行达5000千米的旅程。正是因为信天翁有这种高超的利用气流滑翔的能力，所以人们常用信天翁命名滑

▲ 信天翁科的鸟都比较大，拥有窄长的翅膀，它们的嘴比较长且有力，上喙末端形成一个向下的钩。

翔机和人力飞行器。

■ 身体很像滑翔机

信天翁之所以有高超的滑翔本领，跟它们的身体结构是分不开的。它们头较大而尾很短，很像人们制造的滑翔机。当然，最主要还是由于它们的翅膀又长又窄，最大的信天翁翼展可达3.4米，而宽度却只有0.5米。可以说，信天翁就是一架设计极其合理的滑翔机。

它们运用气流的本领，令人叹为观止。信天翁的双翼狭长，便于在气流中逆风飘举和顺风滑翔。信天翁滑翔的时候，巧妙地利用了气流的变化。如果上升气流较弱，它会俯冲向下，加快飞行的速度。如果高度下降，它又会迎风爬升。每当海面上狂风怒吼，巨浪滔天的时候，信天翁仍然飞得安逸自在，可以几个小时不用扇动翅膀。它们在飞翔中只要把腿伸开或者闭合脚蹼，就可以像舵一样自如地改变飞行方向。

由于身体结构高度适应了滑翔飞行和海中生活，它们的脚相对来说很不发达、很短。因而，在陆地上活动时它们显得十分笨拙，有些人把它们称作"笨鸥"。几乎所有的信天翁在陆地上都不能即时起飞，它们要在平坦的地面上助跑一段距离才能飞起。或者，它们用嘴作钩，爬到高处的岩石或树上，在一定高度上滑下。当然，多数信天翁会选择易于起飞的地点着陆，它们一般选择悬崖峭壁的边缘作为落脚点。另外，信天翁虽然勤劳，但有时也爱追随船只，吃人们扔下来的废弃物。

旗翼夜鹰:"旗帜"飘扬

为了讨得女孩子的欢心,我们鸟类界的"男同胞们"可谓花样百出。有的能唱动听的情歌;有的是高明的建筑师,能造漂亮的房子;有的呢,就把自己打扮得漂漂亮亮的。旗翼夜鹰的男同胞们深知女孩子喜欢帅哥,就别出心裁地在翅膀上又生出两杆"小旗",有了如此帅的外形,何愁追不到女孩子。

■ "四只翅膀"的鸟

在非洲的大草原和森林中,生活着一种有"四只翅膀"的奇特鸟类,这就是旗翼夜鹰,也有人叫它缨翅夜鹰。旗翼夜鹰是一种夜游动物,它们昼伏夜出,难得一见,是世上罕见的禽类。

旗翼夜鹰为什么会多生一对"翅膀"呢?据鸟类学家实地考察后发现,原来旗翼是雄鸟用来讨雌鸟欢心的,这是鸟类中一种较为罕见的繁殖求偶特性。在它们的繁殖季节里,当雄鸟展翅在雌鸟的周围缓慢地飞翔时,它的弓形翅膀迅速颤动,促使两根伸长的羽毛向身体的后上方竖起,顶端旗状的假翼微微飘动,以此招诱雌鸟。一旦雌雄鸟交配以后,旗翼就立即折断。折断的羽根在当年换羽时不会脱落。雄鸟的一生只能交配一次。但它能用一生的时间去呵护和爱自己的"妻子"。

▶旗翼夜鹰的旗羽是雄鸟成熟的象征,但同时旗羽"迎风招展",也会对飞行产生不利影响。

名声在外的顶级尾巴

蝎子："毒尾刺客"

我们跟蜘蛛是远亲，但我们跟它们真的是"道不同，不相为谋"。大部分蜘蛛用网来"守株待兔"，而我们则是实打实地用我们的大钳子和毒针对付一切。另外，我们性情暴躁，即便是自家的孩子把我们惹火了，我们也可以毫不手软地"大义灭亲"，所以，当你们说某人心肠毒辣时，会用"蛇蝎心肠"来形容。这是我们家族里的生存法则。

■ 霸道的捕食者

蝎子外形好似琵琶，可分为躯干和尾部两部分。躯干包括头胸部、六对附肢和腹部。第一对附肢有助食作用，通常用来捕捉和碾碎食物，并将食物送至口中；第二对为长而粗的螯肢，和螃蟹的螯很像，我们可以叫它大钳子，有捕食、触觉及防御功能；其余四对为步足，起到后腿的支撑作用，还可以用来挖洞。其尾部格外显眼，为易弯曲的狭长部分，由五个体节及一个尾刺组成，尾刺细尖、中空还有毒针。

蝎子喜欢潮湿、阴暗的环境，喜欢群居，好静而不好动，并且有识窝和认群的习性，蝎子大多数在固定的窝穴内结伴定居。窝内有雌有雄，有大有小。如果种群密度适宜，它们会和睦相处，很少发生相互残杀现象。

▲大多数蝎子遇其他动物时宁可退避而不攻击，而且不会主动螫人，除非受到骚扰。

当然，如果不是同窝蝎子，相遇后就会相互残杀。另外，蝎子还有冬眠的习性，一般在4月中下旬，即惊蛰以后出蛰，11月上旬便开始慢慢入蛰冬眠，全年活动时间只有6个月左右。

蝎子属于夜间活动动物。它们捕食多数在夜晚。在白天，蝎子躲藏在岩石中、地面的裂缝里、树木的树皮下休憩。晚上出来觅食，主要取食无脊椎动物，如蜘蛛、蟋蟀、小蜈蚣和多种昆虫的幼虫和若虫。它靠触肢上的听毛发现猎物的位置。

蝎子捕食时，用大钳子将捕获物夹住，蝎尾举起，弯向身体前方，用毒针蜇刺。毒腺外面的肌肉收缩，毒液即自毒针的开孔流出。蝎子的毒液毒性很大，可以瞬间将昆虫等小动物置于死地。它也能杀死大型动物。很多动物例如蜥蜴、蛇、猫头鹰以及某些哺乳动物，都能成为蝎子的食物。

捕到猎物之后，蝎子会用大钳子把食物慢慢撕开，先吸食猎物的体液，然后吐出自己的消化液，在体外将猎物消化后再吸入。它们吃东西非常慢，一次能吃上好几个小时。它们的食物以葡萄糖的形式储存在一个类似于肝脏的大型器官里，一顿饱餐可以使蝎子的体重增加三分之一，有些种类甚至能因此活上一年。它们消耗能量的速度很慢，是昆虫和蜘蛛的四分之一。

▲蝎子与蜘蛛是亲戚，但它的形态不像蜘蛛。蝎子浑身全副武装，周身披着壳质铠甲，还有可以起瞭望作用的单眼和复眼，以及六对行动灵活的附肢。

另外，在蝎子受到威胁的时候，也会使用毒针加以防御。

■蝎毒贵过黄金

蝎子的药用价值很高，是我国中医常用的动物药材。在治疗疑难病症上有显著的疗效。蝎子通常用来治疗惊痫、风湿、半身不遂、口眼歪斜、耳聋语塞、手足抽搐等。蝎毒具有祛风、解毒、止痛、通络的功效，对各种肿瘤也有一定疗效。

其尾刺是主要的药用部位。《本草衍义》中说："蝎，大人小儿通用，治小儿惊风不可阙也。有用全者，有只用梢者，梢力尤功。""梢"就是指尾刺，"梢力尤功"，就是指蝎毒之功效。随着医学的发展，蝎毒的作用被广泛认识，蝎

小动物的大智慧

趴在母亲背上

在交配期间，雄蝎会用触肢拉着雌蝎到僻静的处所，然后用触肢的钳夹着雌蝎的钳，两蝎头对头拖来拖去，看上去像在跳求爱的舞蹈。求偶行为可持续数小时，甚至数天。出生后的小蝎子急匆匆爬到母亲背上，在母亲背部的毒针下面安顿下来，任何敌害也别想侵害它们。但是如果它们的母亲突然发怒，就有可能把它们当作点心吃掉。大约一周后，小家伙们从母亲的背上下来，开始独立生活。

▲雌蝎把自己的后代背在身上养育它们，直至它们能够独立成长。照料后代虽然会使生活变得很辛苦，但是这样可以提高它们的存活率。

毒比黄金还贵，每千克约15万元。1万只成年蝎子每年可提炼蝎毒480克，蝎毒的药用价值远远高于蝎子本身。

蝎毒的毒性不但能使小动物致命，对人的危害也较大，可导致局部炎症、疼痛、疲劳、身体不适、心律不齐及呼吸衰竭。儿童对蝎毒甚为敏感，中毒后必须尽快使用抗蝎毒血清治疗。蝎的尾刺只能上下垂直活动，不能左右摆动，掌握了这一点，可以用大拇指和食指正面捏住尾刺，而不致被蜇伤。当然最好还是不要用手去碰它，它虽然不至于要你的命，但却会让你感到灼热的剧痛。

响尾蛇：死后照样复仇

你们人类见到我们都害怕，岂不知即便我们死了，对你们还是有超强的杀伤力：我们死后一小时之内，仍可以利用我们头部的"红外线感应器"感应到你们，然后弹跳起来袭击你们，置你们于死地。对，这就是我们的可怕之处：死而不僵。利用我们的这一特殊本领，我们报仇雪耻无数。

■ 响尾是警告

顾名思义，响尾蛇就是尾巴能响的蛇。响尾蛇是个统称，它并不是指一种蛇，而是指多种蛇，大约有50种。它们最典型的特征是：尾部有响环，摇动时可以发出响声。

响尾蛇不是生下来就有响环的。刚孵化出来的响尾蛇，尾巴的末端很像纽扣。响尾蛇每经历一次蜕皮，便会在尾部留下一条角质环。响环会随着一次又一次的蜕皮慢慢增加。这些鳞片结合在一起，相互之间比较松散，振动起来就像响板一样。响环越多发出的声音也就越大。而还没有响环的幼蛇无法发出警告声音，一旦碰到入侵者它会立即发动攻击。

响尾蛇尾部摆动的频率为每秒钟40~60次，发出的声音最响时，在30米以外也能听到，周围的一些动物听到这种声音时，往往吓得拔腿就逃，这就起到了警告入侵者的作用。也有科学家认为，响尾蛇发出流水般的声音，其实是

▲ 与其他蛇类一样，响尾蛇既不耐热又不耐寒，所以热带地区的种类已变为昼伏夜出，夏天时躲在各种隐蔽处(如地洞)，冬天群集在石头裂缝中休眠。

小动物的大智慧

死后仍咬人

死后的响尾蛇也同样危险。它在死后一小时内，仍可以弹起来袭击对方。响尾蛇的头部拥有特殊器官，可以利用红外线感应附近发热的动物。而响尾蛇死后的咬噬能力，就是来自这些红外线感应器官的反射作用。即使响尾蛇的其他身体机能已停顿，但只要头部的感应器官组织还未腐坏，仍可探测到附近15厘米范围内发出热能的生物，并自动做出袭击的反应。

它用来引诱口渴的小动物，这是捕食的一种方法。另外，还有人认为这是响尾蛇招呼同类的信号。

■ 毒性可致命

响尾蛇的毒性很强，平常不会任意浪费宝贵的毒液，而只是通过响尾警告侵犯者。

响尾蛇吃幼小的动物，如鼠类、小鸟、野兔等。毒素可以令猎物立即麻痹或死亡。它们的攻击距离可以达身体长度的三分之二。若不是被逼入窘境或是受到致命威胁，它们一般会尝试逃走，而不是发动攻击。通常响尾蛇都是在被惊吓或愤怒的情况下才咬人的。

避免接触响尾蛇的最佳方法是保持观察。在经过响尾蛇出没的地区时应穿着长皮靴及皮裤，多留意自己的步伐。响尾蛇有时会在小径中央晒太阳，当不期而遇时，须与它保持一定的距离，给它充足的时间让它逃走。

响尾蛇出生时已有可以注入毒素的尖牙，而且能够控制注入的份量。它们一般会向猎物注入整剂毒素，但在防御时亦可能会注入较小剂量的毒素，甚至不注入毒素。幼蛇未必会像成年蛇一样注入相同剂量的毒素，但它释放的毒素也足以令人死亡。

大多数响尾蛇的毒素都具有破坏血液组织的功能，会大量侵蚀血液中的血小板，导致血液无法凝固，产生严重内出血，但有的反而会让血小板大增，让主要血管中的血液凝成果冻状，使得血液的流动受阻，最后会因为血液阻塞而导致血管破裂。少数响尾蛇的毒液还具有攻击神经系统的功能。被响尾蛇咬后应做紧急处理，要立即送往医院由专业医生治疗，否则很可能危及生命。

▲响尾蛇种类繁多，大多数的皮肤为灰色或淡褐色，接近沙土泥石的颜色，身上带有深色钻石形、六角形斑纹或斑点。

睡鼠：断尾逃生

> 我们是真正的"睡神"，生命中四分之三的时间都被我们用来睡觉。要问我们什么时候起来活动，答曰：只有一年当中的夏季和早秋时期，我们才会在晚间出来觅食。那么炎炎夏日的白天，我们怎么打发时间呢？当然，还是睡觉喽。你以为这个级别的"睡神"是谁都能轻易获得的称号吗？！偷偷告诉你个秘密，我们睡觉的样子超级萌的，我们可不像别的小动物，喜欢趴卧着睡，对于我们来说最舒服的姿势是仰躺着，四只小脚爪置于腹部上。当然，长长的尾巴也不会忘了翘上来。

■ 终生只能用一次的妙计

睡鼠是一种生活在树上的小动物，它时常会受到一种外形很像山猫的野兽的追捕。虽然睡鼠很会爬树，但是对手也是爬树的好手，而且它一见到睡鼠便穷追不舍。遇到这样凶悍的敌人，睡鼠看来只能是在劫难逃了。

然而，就在对手咬住睡鼠尾巴的时候，奇迹却发生了：只见睡鼠尾巴上的皮整个脱落下来，留在了敌害的嘴里，而睡鼠却拖着已经没有皮的尾巴迅速溜走了。当敌害还在为捕捉到"猎物"欣喜的时候，它哪里会想到睡鼠已经"金蝉脱壳"逃走了呢。

虽然"金蝉脱壳之计"是睡鼠的保命绝招，但它终生只能使用一次，因为尾皮脱落后再也不会长出来了。那裸露的尾干会逐渐萎缩，最后被睡鼠自己啃食掉。睡鼠丢去尾巴之后会在尾根处长出一簇长毛，看到这样的睡鼠，人们就可以断定它曾经有过一次九死一生的经历。除了睡鼠之外，山鼠、黄鼠也有这样奇特的本领。

小动物的大智慧

▲ 睡鼠外表像鼠，但尾巴上有毛皮，而且呈鳞状。

■ 最爱睡"懒觉"

睡鼠是英国境内最小最害羞的哺乳动物，尾巴与身体差不多长。它们的寿命通常是5年，但其中四分之三的时间里，都在睡觉。也就是说，一年中的春季、深秋季节以及冬季大约9个月时间里，睡鼠都处于冬眠的状态。而即使不在冬眠的夏天，它们也是终日呼呼大睡，直到夜间，才出来到处活动，在有刺的树枝上跳来跳去，觅食它们喜欢的浆果。

晚春季节，当睡鼠醒来后，吃饱了食物它们就去寻找各自的配偶。交配结束以后，睡鼠妈妈就爬到树上或灌木丛中，在那里为自己的幼崽建造一个家。睡鼠妈妈一次通常会产下四只小睡鼠。在小睡鼠降生以后的两个月当中，睡鼠妈妈会用温暖的乳汁哺育它们，并照顾它们顺利成长。

松鼠：大尾巴用处多

我们的名字中虽然也有个"鼠"字，但你们人类并不讨厌我们，反而喜欢我们可爱的模样。不找食物的时候，我们喜欢在树干上跳来跳去，还喜欢追着自己蓬松的大尾巴转圈圈，自己逗自己玩。我们的大尾巴用处可多呢，可以当降落伞、遮阳伞，寒冷的冬天还可以抱着自己的尾巴取暖。另外，我们还常摇动我们的尾巴与同伴沟通信息，共同对付敌人。

■ 跳跃时维持平衡

松鼠小而活泼，除了大洋洲和南极洲，每个大陆都有松鼠。它们主要以橡子、栗子、胡桃等坚果为食，也喜欢吃松子，常到针叶林寻松子吃，也吃松树的嫩枝叶、树皮、菌类以及昆虫、小鸟等。因为主要采食树上的果实，久而久之，它们也养成了树上生活的习惯。它们在树干中打洞，或在树上搭窝。晚上在树洞或树窝中休息，白天则在树林中攀登、跳跃。虽然它们有适合攀爬和抓树枝的爪子，可人们还是要问，在树林跳来跳去，它们就不怕从高高的树上摔下来吗？

其实，这种担心完全是多余的。因为尾巴为它们解决了跳跃过程中的平衡问题。松鼠的尾巴大而蓬松，跳跃时，松鼠用后肢支撑身体，尾巴伸

▲松鼠不冬眠，在树洞中安家。

小动物的大智慧

▲ 一只松鼠一边进食，一边将大尾巴举过头顶遮阳。

直维持平衡，一跃可达十多米远。即使一不留神摔下来，大尾巴上的毛也会蓬散松开，好像一顶降落伞，使下落速度大大减慢，保护松鼠不受伤。

除了维持平衡，松鼠的尾巴还能取暖。松鼠不会冬眠，在大雪天及特别寒冷的天气，它会用干草把洞封起来，抱着毛茸茸的尾巴取暖，可以好几天不出洞，等天气暖和了再出来觅食。而在炽热的沙漠上，由于白天的太阳太过猛烈，如果四周没有树荫的遮挡，松鼠就会把大尾巴举到头上，使身体在它的尾巴下乘凉。

■ 交流的工具

尾巴还是松鼠们进行交流的工具，它们能通过摆动尾巴向同伴表达复杂的含义。松鼠最危险的敌人就是蛇，但它们有一套对付蛇的好办法。当蛇出现时，它们并不急于逃走，而是齐心拧成一股绳，共同向蛇发起进攻。这样蛇反而害怕了起来，最终灰溜溜地逃走。

松鼠的集体行动之所以能步调一致，就是通过尾巴的特殊"语言"实现的。尾巴猛挥三下，是示意总攻开始；挥两下，表示继续进攻；挥一下，则是停止进攻的意思。此外，松鼠还用尾巴不同的摆动方式，来表示蛇的种类、远近距离和运动方向。如看到最危险的响尾蛇时，尾巴就匀速地多次摆动，示意对眼前的敌人不可轻视，要共同进攻。并且离蛇越近，挥动次数越频繁。

蜘蛛猴："第五只手"

我们的本事大多集中在我们的长尾巴上，比如，当我们攀援时树枝突然折断，我们就会像杂技演员一样，瞬间把自己的长尾巴缠绕在另一根树枝上。休息时，我们又将尾巴吊在树上，整个身子悬垂下来，优哉地嬉戏。另外，我们的尾巴还可以调节体温，在跳跃时调节身体平衡。因此我们有一条"全能"的尾巴。

■ 尾巴是"第五只手"

蜘蛛猴的身体和四肢都很细长，在树上活动时，远远望去就像一只巨大的蜘蛛，因此得名。它在树上活动时用细长的四肢纵跃或爬行，还能用长尾巴缠绕在树枝上荡来荡去。它的尾巴被称作"第五只手"。

蜘蛛猴的尾巴长达80厘米，比身体和四肢都长得多，末端腹面有20厘米是光秃无毛的，上面有一道道皱褶，似胶鞋底上的花纹，能够增加摩擦力，而且感觉非常灵敏，实际上是起到了手的作用。

当蜘蛛猴在树林间向前攀行时，尾巴总是跟着一只前肢先抓住一个树枝或一根藤蔓，飘荡过去，蹿到另一棵树上，从不会失手。

蜘蛛猴的尾巴灵巧自如，能用尾巴采摘或拾取食物，甚至能够捡起类似花生米大小的东西。

蜘蛛猴在休息的时间，常常把长尾巴的前端缠绕在树枝上，将身体稳稳地悬挂着，手脚并用地进餐。休息时，它们也往往倒挂着身体，即使睡着了，尾巴也不会脱落。

蜘蛛猴在雨林中跳跃游荡的时候，它的尾巴总是朝后翘起，起着舵的作用。依靠长而有力的尾巴，它还能够站着紧紧抱住树干，它前肢上的拇指已退化，缺乏抓握能力。

雌猴通常把幼仔背在身上，东跳

西跃。幼仔为了安全，常将自己的尾巴缠绕在雌猴的尾巴根上。有时候，雌猴用尾巴当作手臂，怀抱着自己的幼仔。

蜘蛛猴的尾巴还有调节体温的作用。尾巴里除了普通的血管以外，还有一条直接连接动脉管的中静脉。天气炎热时，尾巴成了散热器，就像大象利用耳朵、家狗利用舌头散热一样。天气转凉时，它的尾部动脉血可以不流过小血管直接回到体内，使它们免受风寒。

■ 蜘蛛猴的习性

蜘蛛猴睡觉时聚在一起，每群可达百只，白天便散开各自觅食。它们胆子很小，大部分时间待在树林里，遇到天敌时发出狗一样的狂叫，并不断地投掷树枝和粪便，以赶走入侵者。蜘蛛猴成群活动、栖息，一般不到地面上来，它们的食物主要以水

▲一只蜘蛛猴将尾巴高高举起，可大致窥探其尾巴的长度。

果、坚果、花蕾为主。当被猎人的箭射中时，它们会把箭拔掉，而且会想办法止血。蜘蛛猴性格温和，但有时也会大发脾气，有一定的危险性。